ZEITSCHRIFT FÜR ANGEWANDTE GEOLOGIE

XXI. Internationaler Geologenkongreß · Kopenhagen, 15. bis 25. August 1960

HERAUSGEGEBEN VON
DER STAATLICHEN GEOLOGISCHEN KOMMISSION
UND DER ZENTRALEN VORRATSKOMMISSION
DER DEUTSCHEN DEMOKRATISCHEN REPUBLIK

AUS DEM INHALT

AKADEMIE-VERLAG · BERLIN

BAND 6 / HEFT 1
JANUAR 1960
SEITE 1—48

Die ZEITSCHRIFT FÜR ANGEWANDTE GEOLOGIE berichtet ständig ausführlich über folgende Arbeitsgebiete: Geologische Grundlagenforschung und Lagerstättenforschung / Methodik der geologischen Erkundung / Ökonomie und Planung der geologischen Erkundung / Technik der geologischen Erkundung / Geologie und Lagerstättenkunde im Ausland / Bibliographie, Verordnungen, Richtlinien, Konferenzen, Personalnachrichten

Die ZEITSCHRIFT FÜR ANGEWANDTE GEOLOGIE ist kein Organ einer engen Fachgruppe. Auf ihren Seiten können alle strittigen Fragen der praktischen Geologie behandelt werden. Die Autoren übernehmen für ihre Aufsätze die übliche Verantwortung

ZEITSCHRIFT FÜR ANGEWANDTE GEOLOGIE

CHEFREDAKTEUR: PROF. DR. E. LANGE

BAND 6 · JANUAR 1960 · HEFT 1

Lagerstättentypen von Zementrohstoffen in der DDR

(Eine Erkundungsperspektive)

JOHANNES POMPER, Halle

Die Zementindustrie erwartet in den nächsten Jahren den Nachweis erheblicher Vorräte von Rohstoffen, die für die Herstellung hochwertigen Zementes geeignet sind. Unter hochwertigen Zementen ist vor allem der Portlandzement 375 (PZ 375) zu verstehen, dessen Beton nach 28 Tagen Abbindezeit 375 kg/qcm Druckfestigkeit erreicht. Diese Zementqualität ist nur zu erreichen, wenn die Rohstoffe bestimmte geochemische Qualitäten aufweisen. Es ist daher bei der Erkundung solcher Rohstoffe eine sorgfältige geochemische Auswahl unter den sich darbietenden Gesteinen zu treffen. Diese muß in enger Zusammenarbeit des erkundenden Geologen mit dem Zementchemiker erfolgen. Auf dem Gebiet der Erkundung von Zementrohstoffen wurden von den Geologen reiche Erfahrungen gesammelt, als für das neue Großzementwerk Karsdorf a. d. Unstrut (Südwestrand Querfurter Mulde) die Rohstoffe nachgewiesen werden mußten. Die geochemischen Erkundungserfahrungen von Karsdorf und anderen Zementwerken in Mitteldeutschland führten zu der Erkenntnis, daß in der DDR mehrere Varianten geologischer Konstellationen für Lagerstätten von Zementrohstoffen vorliegen. Hierdurch ist es möglich, der Planung der Zementindustrie eine grobe Perspektive zu offerieren.

Bevor auf die einzelnen Varianten näher eingegangen wird, muß zum Verständnis der geochemischen Erkundungsbelange kurz auf die Chemie hochwertigen Portlandzementes eingegangen werden. Portlandzement wird durch Feinmahlen und inniges Mischen chemisch genau abgestimmter Rohstoffe, durch Brennen derselben bis zur Sinterung und Feinmahlen des Brenngutes (Klinkers) unter Zusatz von etwas Gips hergestellt. Die Rohstoffe sind Kalk bzw. Mergel, Ton und bei zu geringem Anteil von SiO_2 in diesem außerdem noch eine SiO_2-Komponente (Sand). Ofenfertige „Naturzemente" mit dem günstigsten $CaCO_3$-Gehalt von 78%, wie sie beispielsweise in Hannover und Westfalen in der Oberkreide vorkommen bzw. auch bevorzugt in der UdSSR abgebaut werden, fehlen in Mitteldeutschland. Einzelne Lagen von Naturzement im oberen Muschelkalk (von den ältesten Zementwerken früher noch in Mitteldeutschland abgebaut) bzw. in den Myophorienschichten des Oberen Röts (so_3) haben bei der heute angestrebten Großproduktion keine Bedeutung mehr.

Alle drei Komponenten sollen ferner einen Anteil von Fe_2O_3 insgesamt möglichst über 5% besitzen. Dieser Fe_2O_3-Anteil ist jedoch für die Zementrohstofferkundung nicht ausschlaggebend, weil er sich in der Produktion durch Zusatz von Kiesabbrand leicht auf den verlangten Prozentanteil regulieren läßt. Viel schwieriger dagegen ist es, bei der anteilmäßig abgestimmten Erkundung der Rohstoffe den $MgCO_3$-Anteil aller drei Komponenten zu berücksichtigen. Im fertigen Zement darf der MgO-Anteil höchstens 5% betragen, er soll möglichst bei nur 3% liegen. Da nun jede der zu erkundenden drei Komponenten zwar geringe, aber sich doch summierende Anteile von MgO mitbringt, ist es eines der wichtigsten Momente der Erkundung, die MgO-Anteile der in Frage kommenden geologischen Horizonte zu berücksichtigen, wenn die Erkundungsarbeit, den Forderungen der Industrie entsprechend, zu vollem Erfolg führen soll. In den Kalken ist es bevorzugt $MgCO_3$, in den Tonmergeln nach neueren Untersuchungen etwa zu gleichen Teilen karbonatisch und silikatisch (HCl-unlöslich) gebundenes Magnesium. Da letzteres durch Titrationen nicht erkannt wird, kann die geochemische Bemusterung nur durch Vollanalysen erfolgen. Hinzu kommt noch, daß bei drei petrographisch ganz verschiedenen Gesteinen die transportgünstigste Lage zum vorgesehenen Werk eine große ökonomische Rolle spielt. Der Geologe muß also für seine Erkundungsarbeit eine bestimmte geologische Konstellation unter den Möglichkeiten auswählen, die sich ihm anbieten.

Die Erkundungserfahrungen der letzten Jahre haben gezeigt, daß in der DDR mehrere Varianten geologischer Konstellationen vorliegen, die geochemisch teils sehr gut, teils in groben Umrissen, teils noch wenig bekannt sind. Verfolgt man gewissenhaft das Prinzip, diejenigen geologischen Möglichkeiten industriell voll auszuschöpfen, die sich in unserer Republik anbieten, so ergibt sich für die Geologen der DDR auf dem Gebiet der Zementrohstofferkundung die Notwendigkeit, die noch vorhandenen Lücken der Erkenntnisse auf dem Gebiete der Geochemie durch eine geochemische Vorklärung zu schließen, der später nach der Klärung der Standortwahl die Vor- und Haupterkundung kurzfristig folgen kann. In den nachfolgend nach den bisherigen Erfahrungen aufgezeigten Varianten (Tabelle 1) werden neben der geologischen Konstellation der drei Komponenten noch das Stadium der geochemischen Erforschung und die zur Erkundung für die industrielle Nutzung notwendigen Erkundungsstufen genannt.

Tab. 1. Übersicht der geologischen Konstellationsvarianten von Zementrohstoffen der DDR

Variante geologischer Konstellation	Rohstoffkomponenten			Stadium der geochemischen Erforschung	Bei Neuerkundung notwendige Erkundungsstufen
	Kalk	Ton	SiO_2		
Karsdorf	Unterer Muschelkalk ($mu_1 + mu_2$)	Rötschieferton (so_2)	Pleistozäne Zuschlagsande	abgeschlossen	Vor- u. Objekterkundung
Schwanebeck	Unterer Muschelkalk (mu_2)	Oberer Muschelkalk (mo_1 u. $_2$)	Holozäne Zuschlagsande (Dünensande)	abgeschlossen	Vor- u. Objekterkundung
Nienburg	Unterer Muschelkalk (mu_2)	Schiefertone Unt. Buntsandstein (su)	Löß	Tonkomponente noch nicht völlig abgeschlossen	z. T. geochemische Vorklärung, Vor- u. Objekterkundung
Osterwiek	Ober- und Unterkreidekalke und -mergel ($kru_2\beta+\gamma$ und kro_{1+2})			im Stadium der geochemischen Vorklärung	weitere geochemische Vorklärung, Vor- u. Objekterkundung
Mittelharz	Mitteldevonische Massenkalke (Givet, tmk)	Tonschiefer od. toniger Zersatz anderer geeigneter Gesteine	noch unbekannt	Kalk abgeschlossen, Ton geochemisch noch ungeklärt	geochemische Klärung der SiO_2- bzw. Tonkomponente

Aus der Übersicht der Varianten geht hervor, daß von einer genaueren Kenntnis der Eignung als Zementrohstoff nur bei den ersten drei gesprochen werden kann. Die vierte Variante Osterwiek und die fünfte Variante Mittelharz bedürfen z. T. noch einer intensiven geochemischen Vorklärung. Das kommt daher, daß die ersten drei Varianten (Karsdorf, Schwanebeck, Nienburg) bereits von der Industrie erprobt sind, die beiden letzten noch nicht. Es werden im folgenden die einzelnen Varianten geologisch und geochemisch charakterisiert und nach den Gesichtspunkten der Massenerkundung beschrieben.

Hierzu muß noch erwähnt werden, welche Größenordnungen der einzelnen Rohstoffkomponenten (Kalk, Ton, SiO_2) von der Industrie gefordert werden. Ein modernes Zementwerk kann nur ab 2000 Tagestonnen Fertigproduktion rentabel arbeiten. Das bedeutet etwa 3000 Tagestonnen Rohstoff bei Berücksichtigung von etwa 35 % CO_2-Abgang durch das Brennen. 3000 Tagestonnen Rohstoff sind mit rd. 1 Mio Jahrestonnen (360 Arbeitstage im ununterbrochenen Produktionsablauf) gleichzusetzen. 50 Jahre sind der Mindestzeitraum für ein Werk von ca. 2000 Tagestonnen Kapazität. Demzufolge sind mindestens 50 Mio Tonnen Rohstoff für ein neues geplantes Werk nachzuweisen, und zwar in einem geochemisch bedingten Mengenverhältnis Kalk- zu Ton- zu SiO_2-Komponente.

Für den Geologen ergibt sich daher bei der Planung und Durchführung der Erkundung die Notwendigkeit, diese auf die Geochemie der sich anbietenden geologischen Horizonte abzustimmen bzw. sich einen „Erkundungsschlüssel" zu erarbeiten. Der „Erkundungsschlüssel" ist ein Faktorenkomplex geochemischen und stratigraphischen Charakters. Anders gesagt: Das Mengenverhältnis von Kalk-, Ton- und SiO_2-Komponente wird entsprechend dem quantitativen Auftreten der Hydraulfaktoren in jeder der drei Komponenten für den erkundenden Geologen maßgebend. Neben den Hydraulfaktoren ist noch der Gehalt an unerwünschtem $MgCO_3$ in jeder der drei Komponenten, entsprechend der Forderung der Industrie, zu beachten.

In Tabelle 2 wird für die obengenannten Lagerstättenvarianten im einzelnen der Versuch gemacht, den „Erkundungsschlüssel" tabellarisch zu fassen.

Erkundungsgeologisch sei die tabellarische Fassung für jede Variante im einzelnen erläutert:

Variante Karsdorf (siehe Profil Abb. 1)

Hier liegt durch die Erfahrungen der Karsdorfer Zementindustrie und die feinstratigraphisch-geochemischen Arbeiten von JUBITZ (1958a, b) das Richtprofil fertig vor:

Kalkkomponente (Erkundungssoll ca. 85% = 42,5 Mio t = 17 Mio m^3):

Unterer Muschelkalk (mu_1) als optimale Schichtfolge, die ca. 40 m mächtig ist und von der Basisbank bis zur Oolithzone (oo) reicht. Höhere Horizonte können bei guter Durchmischung ebenfalls genommen werden.

Tonkomponente (Erkundungssoll ca. 10% = 5,0 Mio t = 2,5 Mio m^3):

Vom Mittleren Röt[1]) (so_2) nur die etwa 30—40 m mächtige rotbraungraue Schiefertonfolge („Werksfolge" nach JUBITZ) mit typischen grünen Entfärbungsflecken, die durch ihre Farbe und die in ihr enthaltenen grüngrauen „Doppelquarzitbänkchen" zu erkennen ist. Sie endet über dem Gips y_4 (unterste Schicht des so_2), der durch Wechsellagerung von Gips mit rotgrauem Schieferton in reinen Gips übergeht.

SiO_2-Komponente (Erkundungssoll ca. 5% = 2,5 Mio t = 1,5 Mio m^3):

Quartäre (gegebenenfalls auch tertiäre) Sande, die am transportgünstigsten liegen. Sie sollen so fein als möglich sein und dürfen ca. 2% MgO nicht überschreiten. Tonanteil ist erwünscht.

Die Kalkkomponente erfordert daher ein Muschelkalkvorkommen, welches bei 40 m Mächtigkeit mindestens $^1/_2$ qkm Flächenausdehnung besitzen muß. Zur Erkundung genügen wenige Kernbohrungen (zwei bis vier je nach Form und Lagerung des Muschelkalkvorkommens) mit maximal 50 m Endteufe. Sie müssen die Basis des Muschelkalkes, die leicht im Bohrgut erkennbare Gelbe Grenzbank ϱ (ca. 1 m) erreichen bzw. durchbohren und geben dann mit Sicherheit die nutzbare Mächtigkeit der Kalkkomponente an. Die von der Erkundungsvorschrift für feste mineralische Rohstoffe vorgeschriebene Bohrdichte für höhere Vorratsklassen ist dann leicht durch billigere Meißelbohrungen

[1]) Werk Steudnitz verwendete den Oberen Röt als Tonkomponente, wodurch Produktionsschwierigkeiten wegen zu hohen MgO-Gehaltes eintraten und zur Einstellung der Zementproduktion führten. Im Werk Göschwitz wird der Untere Röt als Tonzuschlag genutzt, jedoch in Zukunft die hier beschriebene „Werksfolge" darüber als Tonkomponente vorgesehen, um die Zementqualität zu verbessern.

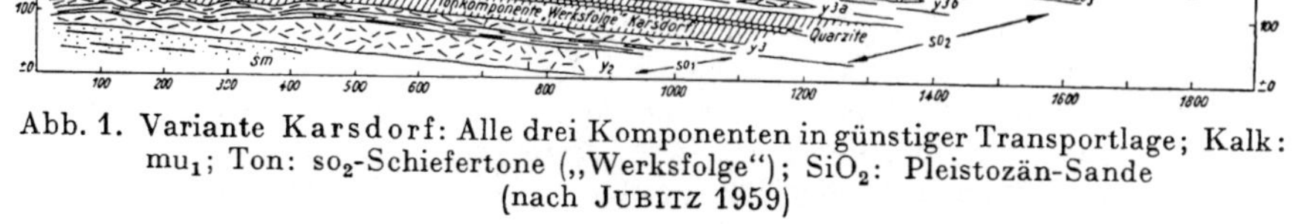

Abb. 1. Variante Karsdorf: Alle drei Komponenten in günstiger Transportlage; Kalk: mu_1; Ton: so_2-Schiefertone („Werksfolge"); SiO_2: Pleistozän-Sande (nach JUBITZ 1959)

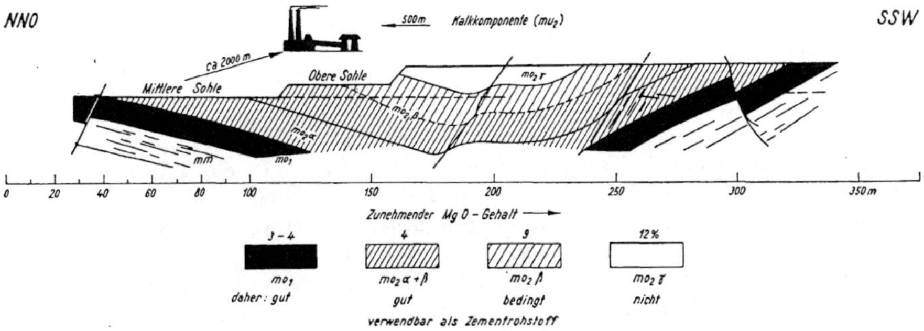

Abb. 2. In Variante Schwanebeck treten infolge kleintektonischer Zerstückelung der nutzbaren Horizonte des Oberen Muschelkalkes ständig Abbau- und Produktionsschwierigkeiten auf (zu häufig wechselnder Mg-Gehalt). Als Kalkkomponente wird noch mu_2 aus einem zweiten Bruch gewonnen.
Umstellung der Tonkomponente auf so_2 bei längerem Antransport ist vorgesehen.
Aufschluß: Mergelgrube VEB Zementwerk Schwanebeck, schematisiert, nach JUBITZ 1954

(Gerät H 60) möglich, deren Bohrmehl nur durch Titrationen bemustert zu werden braucht. Als geochemisches Richtprofil dient eine geeignete Kernbohrung, die feinstratigraphisch-geochemisch genau (möglichst durch Vollanalysen) bemustert wurde. Die Meißel-Trockenbohrungen (H 60) werden dann auf diese Testfolge geochemisch bezogen. Die Ausblockung der optimalen Schichtfolge, ca. 40 m über mu-Basis, in der gewünschten Größenordnung kann ohne Schwierigkeiten erfolgen.

Bei der Tonkomponente kann im Prinzip ähnlich verfahren werden, weil die optimale Schichtenfolge des Mittleren Röt (so_2), rotbraungraue Schiefertone von etwa 30 m Mächtigkeit („Werksfolge" nach JUBITZ), ebenfalls bekannt ist. Nur können sich hier gewisse Erkundungsschwierigkeiten einstellen, weil infolge der Gipseinlagerungen über und unter der „Werksfolge" örtliche Auslaugungsdislokationen, besonders in Ausstrichnähe, auftreten, die eine gleichmäßige Lagerung der „Werksfolge" beeinträchtigen. Die Bohrdichte muß hier enger sein als im Muschelkalk. Der Ausstrich der „Werksfolge" in Hanglage zwingt stets, diesen Ausbiß im Streichen zu verfolgen. Das geschieht in der Vorerkundung am besten durch eine Kernbohrreihe senkrecht zum Streichen in einem Bohrabstand, der das stratigraphische Einbinden des zweiten Bohrprofils in das erste, des dritten in das zweite usw. gestattet. Da der Mg-Gehalt an der Ober- und Untergrenze der „Werksfolge" genau beachtet werden muß, ist eine peinlich genaue geochemische Bemusterung beim Erarbeiten des Richtprofils innerhalb der megaskopisch nicht näher aufgliederbaren, eintönig aufgebauten roten Schiefertonfolge notwendig. Durch die erste Kernbohrreihe wird die Mg-günstigste Schichtfolge im allgemeinen bekannt. Weitere Parallelreihen von Kernbohrungen im Streichen genügen im Abstand von 200—250 m. Die geochemische Bemusterung kann dann durch wenige Analysen zusammengefaßter Vertikalabschnitte der „Werksfolge" erfolgen. Für die Verdichtung des Bohrnetzes eignet sich ebenfalls das H-60-Bohrgerät. Die stratigraphische Verbindung der einzelnen Trockenbohrungen, die nur Bohrmehl liefern, erfolgt wieder auf geochemischer Basis, und zwar durch Titrationen, die in das Vollanalysen- und Titrationstestprofil eingehängt werden. So können durch einfach und billig durchzuführende Titrationen auch die

Tab. 2. Geologisch-geochemischer Erkundungsschlüssel für Lagerstätten von Zementrohstoffen der DDR

Prozentanteile	Komponente	Geologischer Horizont	Mächtigkeit (m)	Geochemie (Durchschnittswerte) in Gew.-%			
				$CaCO_3$	MgO	SiO_2	Al_2O_3
1. Variante Karsdorf							
85	Kalk	Unterer Muschalkalk (mu_1)	40 m	ca. 88	0,8	ca. 4,0	ca. 4,0
10	Ton	Rotgraue Schiefertone des Mittleren Röt (so_2) = „Werksfolge Karsdorf"	ca. 30 m	ca. 20	7,8	ca. 41,0	14,2
5	SiO_2	Pleistozäne Terrassensande der Unstrut	ca. 20 m	ca. 37*)	2,2	ca. 72,0	ca. 5,0
2. Variante Schwanebek							
nicht konstant	Kalk	Unterer Muschelkalk (mu_2)	ca. 40 m	ca. 90	ca. 1,0	ca. 1,0	ca. 1,0
	Ton	Tonplatten (Ceratitenschichten = mo_2)	ca. 30 m	ca. 70	ca. 1,5	10—15	ca. 15,0
		Trochitenkalk (mo_1)	ca. 7 m	75—82	ca. 1,0	>2,0	ca. 4—5
	SiO_2	Holozäner Dünensand (Gommern)	15	seit Jahren nicht mehr eingesetzt			
3. Variante Nienburg							
82	Kalk	Unterer Muschelkalk ($mu_1/_2$)	40—50 m	ca. 90	ca. 1,0	ca. 1,0	ca. 1,6
18	Ton	Schiefertone des Unteren Buntsandsteins (su) im 10-km-Antransport v. Gröna	ca. 15 m	ca. 15	2,7	54,0	17,0
<1	SiO_2	Löß aus dem Abraum	1—2 m	11,7	ca. 1,0	68,0	10,7
4. Variante Osterwiek							
noch nicht abgestimmt	Ton	Emschermergel ($kro_3/_4$)	> 100 m	noch nicht untersucht			
	Kalk	Turonpläner (Lamarkischichten, kro_2)	ca. 60 m	ca. 90	ca. 0,5	3—4	0,5—1,5
		Cenomanpläner, rot u. weiß Labiatus- u. Rhotomagensis-Schichten, $kro_1\beta$)	ca. 60 m	ca. 85	ca. 0,5	5—8	3—4
		desgl. (Varians-Schichten, kro_1 α)	ca. 30 m	ca. 80	ca. 1,0	ca. 13,0	ca. 4,0
	Ton + SiO_2	Gaultmergel =					
		Flammenmergel, $kru_2\ \gamma$	40 m	ca. 25	1—2	50—70	ca. 7,0
		Glaukonitsandstein u. Minimuston, $kru_2\ \beta$	ca. 50 m	ca. 20	ca. 2	ca. 60	ca. 10
5. Variante Mittelharz							
ca. 70	Kalk	Mittelharzer Massenkalk (tmk) des Elbingeröder Komplexes	>100	96—98	<0,5	0,5—1,0	ca. 0,5
ca. 30	Ton + SiO_2	Paläozoische Tonschiefer, gegebenfalls Eruptivgesteinszersatz	geologisch und geochemisch noch unbestimmt				

* Numerisch stark streuend durch eingelagerte Kalkgerölle

Ergebnisse der Vollanalysen über mittlere Entfernungen (< 500 m) extrapoliert werden. Der Kerngewinn der Testkernbohrungen muß im Kalk mindestens 80%, im Schieferton mindestens 95% betragen.

Die SiO_2-Komponente als mengenmäßig geringe Korrekturkomponente erlaubt größeren Spielraum. Im Falle Karsdorf konnten die mittelpleistozänen Unstrut-Terassensande im 50-m-Bohrnetz abgebohrt werden. In anderen Fällen (Hödingen) erfüllen tertiäre Feinsande (minderwertige Glassande) diesen Zweck. Im Falle Huy-Neinstedt sind oligozäne Grünsande zur Erkundung vorgesehen. Da bei der Variante Karsdorf die Sandkomponente nur als 5%iger Zuschlag in Erscheinung tritt, ist ihre Transportlage nicht von so wirtschaftlicher Bedeutung wie die der Kalk- und Tonkomponente.

Die hier nur grob umrissene Erkundungsmethodik der Variante Karsdorf wird zur Zeit für das Zementwerkprojekt Hödingen[2]) angewendet. Weitere Gebiete weisen eine ähnliche geologische Situation und damit Aussichten auf den Erfolg einer Lagerstättenerkundung auf, so die gesamte Huywaldstruktur, der Südausläufer des Hakel bei Schadeleben, der Nordrand der Nietlebener Mulde bei Köllme, der Westrand der Querfurter Mulde bei Grockstedt, ferner Randgebiete der Naumburger Mulde bei Bad Bibra u. a.

Variante Schwanebeck (siehe Profil Abb. 2)

Hier basiert die bisherige Rohstoffgewinnung auf den Schichten des Unteren und Oberen Muschelkalkes. Man betreibt je einen Mergel- und Kalksteinbruch. Der Mergelbruch schneidet die Schichten des Oberen Muschelkalkes bis herab zu dem Äquivalent der Trochitenkalkbänke ($mo_1 = 6-8$ m) an. Die darüber lagernden Ceratitenschichten (Tonplatten) werden nicht in voller Mächtigkeit genutzt, da sie in den oberen Partien im MgO-Gehalt zu hoch liegen und dadurch mehrfach zu Produktionsschwierigkeiten führten. Je nach der Mächtigkeit der mitgenutzten Ceratitenschichten wird zur Heraufsetzung des Kalkgehaltes noch Material aus dem Unteren Muschelkalk (Wellenkalk über den Oolithbänken) zugeschlagen. Der Prozentanteil beider Komponenten wechselt häufig, da der Mergelbruch im Oberen Muschelkalk durch Störungen versetzte Schichtpakete (mo und mm) aufweist, deren Gewinnung kein geochemisch konstantes Material gewährleistet bzw. einen öfteren Wechsel in der Abbaumethode verlangt. In ungestörter Lagerung ist die Variante Schwanebeck zur PZ-375-Produktion nicht ungünstig, wenn der Ausstrich des mo_{1+2} (Äquivalent des Trochitenkalkes und Tonplatten bis etwa 20 m über Trochitenkalk-Oberkante) abbaugünstig liegt. Der große Vorteil dieser Variante liegt in der spezifisch guten Brennbarkeit des Materials, wenngleich auch Mahlschwierigkeiten infolge der hohen Härte des Trochitenkalkäquivalentes auftreten können. Sobald jedoch wie im Huy Störungen (im Streichen verlaufende vorwiegend antithetische Dehnungselemente, Abschiebungen, Gräben, Horste, Staffeln; n. JUBITZ 1959, Abb. 1, 11 und 12) auftreten, gelangen von oben her dolomitische Schichten des Mittleren Muschelkalkes in den Abbaubereich und führen zu abbautechnischen und damit ökonomischen Schwierigkeiten. Die letzteren sind im Falle Schwanebeck so groß, daß der VEB Zementwerk Schwanebeck z. Z. die letzten technischen Vorbereitungen trifft, sich auf die Variante Karsdorf umzustellen. Der Mergelbruch im Oberen Muschelkalk wird stillgelegt und eine Rötschiefertongrube unter Inkaufnehmen eines Mehraufwandes von 4 km Antransport eröffnet.

Die Variante Schwanebeck (mo und mu) ist daher nur in günstigster ungestörter Lagerung des Oberen Muschelkalkes ökonomisch geeignet. Im VEB Zementwerk Glöthe wurde bis 1958 nur Oberer Muschelkalk mit echtem Trochitenkalk verarbeitet. Der zu hohe Tonanteil in den Tonplatten wurde abgesiebt. In der Erkundungsperspektive tritt diese Variante nunmehr nach den Erfahrungen von Schwanebeck zurück, weil die relativ geringe Mächtigkeit des Nutzbaren im Oberen Muschelkalk (< 25 m) gegenüber dem etwa 100 m mächtigen Unteren Muschelkalk schon bei geringen Versetzungen durch Störungen keine Vorratsblöcke von den Ausmaßen erwarten läßt, die den Anforderungen eines modernen Zementwerkes genügen.

Die Erkundungsaussichten in den Strukturen des Großen Fallstein (Hessen), des Hakel (Kroppenstedt), südlich der Finnestörung (Camburg), sonst aber auch in der gesamten Umrandung des Thüringer Beckens auf gut gewinnbare größere Vorräte für ein modernes Zementwerk sind gering. In der Erkundungsperspektive müßte ggf. vor allem die Kleintektonik durch Kartierungsschürfe, die die zu erwartende Zerstückelung erfassen, in der Stufe der Vorerkundung geklärt werden. Aber auch nur dann besteht Aussicht auf Erfolg, wenn der im Kalkgehalt höherprozentige Untere Muschelkalk als Ausgleichskomponente in der Nähe bauwürdig vorliegt.

Variante Nienburg (siehe Profil Abb. 3)

Hier bildet der Untere Muschelkalk (mu_2 und mu_1) die Rohstoffgrundlage. Als Tonkomponente werden unter Inkaufnehmen eines Antransportes von 10 km sandige Tonmergel des Unteren Buntsandsteins zugeschlagen. Der dem Kalk auflagernde Löß als SiO_2-Zuschlag spielt eine untergeordnete Rolle, da die Schiefertone des Unteren Buntsandsteins reichlich SiO_2 (54%) mitbringen. Die Mg-Gehalte der beiden Hauptkomponenten sind so niedrig, daß keine Schwierigkeiten auftreten. In der Erkundungsperspektive hat diese Variante vieles für sich, wenn das Tonvorkommen (su) transportgünstig liegt. Das ist aber selten der Fall. Das mag auch der Grund dafür sein, daß der VEB Zementwerke Nienburg bisher der einzige Betrieb ist, der Rohstoffe dieser Konstellation nutzt. Für die Erkundungsperspektive in der DDR liegen günstigere Möglichkeiten vor, so daß wahrscheinlich in Zukunft die Variante Nienburg nicht weiter beachtet werden wird.[3])

Variante Osterwiek (siehe Profil Abb. 4)

Diese ist durch die Portlandzementindustrie noch nicht erprobt, bietet aber im Raum Osterwiek (Subherzynes Becken) zunächst quantitativ und geologisch günstige Möglichkeiten. Gelegentlich der Erkundungen der Neokomerze am Kleinen Fallstein wurde Bohrgut

[2]) Hierzu ist zu bemerken, daß im Falle Hödingen möglicherweise eine neue Variante entstehen kann, wenn es gelingt, einen geochemisch geeigneten Horizont des Mittleren Buntsandsteins in Werknähe abbaugünstig nachzuweisen, der Ton- und SiO_2-Komponente gleichzeitig darstellt. Die tonige Ausbildung und erste Stichprobenanalyse des Mittleren Buntsandsteins gaben eine Perspektive hierzu. Endgültige Untersuchungen waren zeitlich noch nicht möglich.

[3]) Der Variante Nienburg entsprechen die Verhältnisse bei den Werken Nietleben und Rüdersdorf: Unterer Muschelkalk und Tertiärtone.

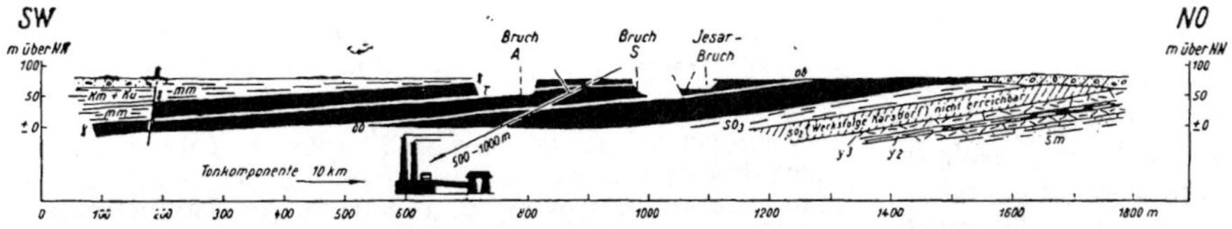

Abb. 3. Variante Nienburg: Greifbar ist nur der flach gelagerte Untere Muschelkalk (mu_2) als Kalkkomponente. Der Ausstrich des so_2 („Werksfolge" Karsdorf) als Tonkomponente ist infolge zunehmender quartärer Überdeckung (15 m) nicht faßbar. Daher ist ein 10 km langer Antransport der Tonkomponente aus dem Unteren Buntsandstein von Gröna notwendig.

geochemisch bemustert und dabei festgestellt, daß sich am Südhang des kleinen Fallsteins in ausgezeichneter Verkehrslage die Möglichkeit abzeichnet, Rohstoffe für ein Großzementwerk nachzuweisen. Die Erkundung ist noch im Stadium der geochemischen Vorklärung. Geologisch gesehen, bietet sich der Ausstrich günstiger Horizonte der Kreide längs des SW-Hanges des Kleinen Fallsteins auf 2 km Länge und ca. 400 m Breite zwischen Hoppenstedt und Osterwiek an. Eine über 200 m mächtige Schichtfolge von Mergeln und Kalken (s. Tab. 2) weist bei niedrigem MgO-Gehalt (0,5—2%) günstige chemische Werte auf. Der etwas zu niedrige Al_2O_3-Gehalt kann durch geringen Zusatz von Ziegeltonen aus der Ziegelei Osterwiek ($kro_4 \gamma$) gesteuert werden. Die chemischen Untersuchungen sind noch im Gange. Diese Variante bietet am Kleinen Fallstein bei einem Einfallen von 30—40° nach SSW auf > 400 m Breite eine Anschnittmöglichkeit, die ein Abstimmen der einzelnen Komponenten zuläßt (Lamarki-, Labiatus-, Rhotomagensis-Schichten in Kalkfazies und Varians-schichten, Flammenmergel, Glaukonitsandstein, Minimuston in Mergelfazies, siehe Profil 4). Die Erkundung dieser Lagerstättenvariante erfordert im Verhältnis zur Ausstrichfläche des Nutzbaren (ca. 2 qkm) nur wenige Kernbohrungen (4—6) von 200 m Endteufe, deren Bohrgut vollständig geochemisch bemustert werden muß. Sind die geochemischen Richtprofile erarbeitet, kann das Bohrnetz auf 250 m durch Meißelbohrungen mit Gerät H 60 verdichtet werden. Bei durchschnittlich 50 m Abbaumächtigkeit sind vorerst ca. 100 Mio t Rohstoffe gesichert. Jede Vertiefung um eine 10 m tiefer liegende Sohle erfaßt weitere 20 Mio t, ohne daß mit besonderen Wasserschwierigkeiten zu rechnen ist. Die günstige Förder- und Transportlage läßt diese Lagerstättenvariante von Zementrohstoffen ökonomisch ebenso günstig erscheinen wie die Variante Karsdorf. Im Raume Quedlinburg (östl. Halberstädter Mulde) liegt theoretisch ebenfalls die Möglichkeit der Variante Osterwiek vor. Die geochemische Vorklärung durch zwei bis drei Kernbohrungen ist bereits vorgesehen.

Variante Mittelharz

Diese Variante ist bezüglich der Vollständigkeit ihrer Komponenten noch unbekannt. Bekannt ist nur der Chemismus des Mittelharzer Massenkalkes, $MgCO_3$ unter 1%, $CaCO_3$ bis 98%. Der hohe $CaCO_3$-Gehalt erfordert eine reichlichere Zugabe der Tonkomponente (> 30%?). Verarbeitungstechnisch ist diese Variante als die ökonomisch ungünstigste anzusehen, da die verwendeten Rohmaterialkomponenten sehr weit von der gesuchten Zusammensetzung (78—79% $CaCO_3$) entfernt liegen. Der Mahl-, Misch- und Homogenisierungsprozeß erfordert daher einen relativ hohen technischen Aufwand. Diese Lagerstättenvariante entspringt der schon mehrfach erwogenen Notwendigkeit, die Abraumhalden kleinstückigen Materials der Mittelharzer Kalkindustrie zu nutzen, um die Halden nicht weiterwachsen zu lassen, weil ernsthafte Raumschwierigkeiten entstehen. Als Tonkomponente kommen in erster Linie Tonschiefer in Frage, deren MgO-Gehalt niedrig genug sein muß (ca. 6%). Die Vorräte der Tonkomponente müssen bedeutend größer sein als bei den bisher beschriebenen Varianten. Auch bei ihr muß zunächst die geochemische Vorklärung einsetzen, besonders zur Klärung der Frage, ob sie nicht gleichzeitig auch SiO_2-Komponente ist. Denn es ist möglich, daß sich Tonschiefer finden[4]), die Ton- und SiO_2-Komponente zugleich sind. Die Zusatzmöglichkeit kaolinartigen Zersatzes von Schalstein oder Granitporphyr (Elbingerode) ist ebenfalls noch nicht überprüft.

Die Variante Mittelharz kann der Planung lediglich wegen besonderer Betriebsverhältnisse der Mittelharzer Kalkindustrie empfohlen werden. Im Raum von Rübeland—Elbingerode wird auf Jahrhunderte hinaus genug Kalk vorhanden sein. Doch die z. Z. schon infolge der Mittelharzer Kalkindustrie und des dortigen Bergbaues angespannte Transportlage müßte für ein zusätzliches Zementwerk moderner Größenordnung unter großen Kosten völlig reorganisiert werden. Es kann daher ein Zementwerk Mittelharz nur in kleinerer Kapazität, entsprechend dem täglich bei der Kalkindustrie anfallenden kleinstückigen Kalkmaterial (ca. 900 t), erwogen werden. Doch damit ist schon seine Wirtschaftlichkeit gefährdet. Eine Verlagerung in das Harzvorland bei Antransport des Kalkes mit Seilbahn erfordert zu großen Aufwand. Eine geeignete Tonkomponente im Gebiet des Harzvorlandes würde sich dort finden (su, so, kro_4).

[4]) In früheren Jahren ist bereits im damaligen Kalkwerk Rübeland eine Zementproduktion unter Verwendung der kleinstückig anfallenden Kalke und unter Zusatz von Tonschiefermehl in Betrieb gewesen (mündliche Mitteilung von Dipl.-Ing. KLEIN, Dessau).

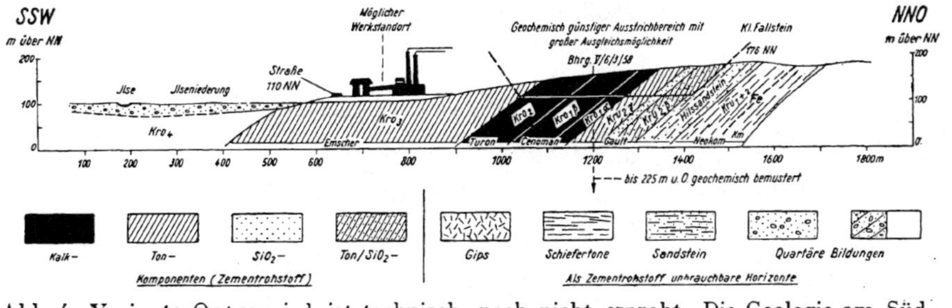

Abb. 4. Variante Osterwiek ist technisch noch nicht erprobt. Die Geologie am Südhang des Kl. Fallsteins bietet die Ausstriche von Kalken kro_{1+2} und Mergelkalken (kro_1), kieseligen ($kru_2 \gamma$) und sandigen Mergeln ($kru_2 \beta$) in günstiger Gewinnungslage an. Die Kerne der Bhg. V/6/3/58 boten eine günstige Gelegenheit zur geochemischen Bemusterung des Cenoman und Gault. Die erste Grobauswertung läßt bei genauer Abstimmung der Geochemie und der Horizontmächtigkeiten eine günstige Rohstoffzusammensetzung erwarten. Kalk-, Ton- und SiO_2-Komponenten überschneiden sich geochemisch. (Legende gilt f. Abb. 1—4.)

Schlußbetrachtung

Nach den bisherigen geologischen Erkundungserfahrungen, nach industriellen Forderungen, nach den geologischen Gegebenheiten sowie nach wissenschaftlichen Erkenntnissen (Institut für Zement, Dessau, und Geotektonisches Institut der Deutschen Akademie der Wissenschaften, Berlin) werden die Lagerstätten von Zementrohstoffen der DDR charakterisiert. Es ergibt sich, daß bestimmte geologische Konstellationsvarianten in der DDR vorliegen. Sie werden übersichtlich geordnet und erläutert. Die Übersicht erhebt keinen Anspruch auf Vollständigkeit. Sie soll darüber unterrichten, daß in Zusammenarbeit von wissenschaftlichen Instituten, Industrie und angewandter Geologie wertvolle Erkenntnisse für die Erkundung von Lagerstätten an Zementrohstoffen gesammelt worden sind. Diese werden für die Erkundungsaufgaben, die die volkseigene Zementindustrie im Siebenjahrplan den Geologen stellen wird, von beachtlicher Bedeutung sein.

Zusammenfassung

Die Lagerstätten von Zementrohstoffen in der DDR werden nach den geologischen Erkundungserfahrungen, nach den industriellen Anforderungen und neuen wissenschaftlichen Erkenntnissen charakterisiert. In einer Tabelle wird eine Übersicht über die geologischen Konstellationsvarianten von Zementrohstoffen in der DDR gegeben. Die einzelnen Varianten werden geologisch und geochemisch charakterisiert und eingehend beschrieben. Es wird eine tabellarische Übersicht zu einem geologisch-geochemischen Erkundungsschlüssel für die Lagerstätten der Zementrohstoffe in der DDR gegeben.

Резюме

Месторождения цементного сырья в ГДР характеризуются на основании опытов геологических разведок, промышленных требований и новых научных познаний. В таблице дается обзор геологических вариантов наличия цементного сырья в ГДР. Дается геологическая и геохимическая характеристика и подробное описание отдельных вариантов, а также обзор в виде таблиц к схеме разведки на метсорождения цементного сырья в ГДР.

Summary

The deposits of raw materials in the German Democratic Republic (GDR) are characterized according to the geological exploration experiences, to industrial requirements and new scientific knowledge. A table outlines the geological variants of constellation of cement raw materials in the GDR. The particular variants are characterized and detailed described from a geological and geochemical point of view. A table is added with a geological-geochemical key for exploring deposits of cement raw materials in the GDR.

Literatur

BUBNOFF, S. v., K.-B. JUBITZ & W. SCHWAN: Exkursionsführer der Jahrestagung der Geol. Gesellschaft der DDR 1957 in Wernigerode. – Akademie-Verlag Berlin, 1957.

JUBITZ, K.-B.: Zur praktischen Anwendung der feinstratigraphisch-kleintektonischen Methode. – Z. Freiberger Forschungshefte C 9, 1954, S. 80 ff.

– Zur feinstratigraphisch-geochemischen Horizontierungsmethodik in Kalksedimenten (Trias). – Z. Geologie 1958, H. 7, S. 863 ff. (1958a).

– Erste praktische Anwendung der feinstratigraphisch-geochemischen Ca-Mg-Horizontierungsmethodik für Kalklagerstättenerkundung. – Z. f. angew. Geologie 4/1958, S. 469f. (1958b).

POMPER, J.: Projektstudie Zementkalk Magdeburg. – Unveröffentlicht, 1958, Archiv St. G. K.

VOIGT, H.: Die Kalklagerstätten der DDR. – Z. Silikattechnik 9/1958, S. 121 ff.

Erdöl- und Erdgaserkundung in der Sahara

ERICH LANGE, Berlin

Es vergeht kein Monat, in dem nicht aus der Sahara Entdeckungen neuer Erdöl- und Erdgasfelder gemeldet werden. Die Unbewohntheit weiter Wüstengebiete bringt es mit sich, daß die Ortsbezeichnungen oft recht unklar sind. Hinzu kommt die Geheimhaltung wissenschaftlicher Ergebnisse durch die Konzernleitungen. Da außerdem noch die verschiedenen Interessengruppen untereinander in schweren Konkurrenzkämpfen um den Maximalprofit stehen und es dabei oft eines ihrer Kampfmittel ist, den Gegner durch falsche, aber „wissenschaftlich" getarnte Nachrichten zu schädigen, so fällt es mitunter schwer, ein einigermaßen klares Bild über die tatsächlichen Verhältnisse zu gewinnen.

Während sich seit etwa 1953 die Erkundungen nur auf die nördlichen und östlichen Gebietsteile der algerischen Sahara beschränkten, griffen sie seit 1957 auch auf Libyen über. Gegenwärtig werden außerdem bereits die ersten bemerkenswerten Funde aus der westlichen Sahara Algeriens und aus Mauretanien gemeldet. Damit ist nunmehr der gesamte Nordteil des riesigen Sahara-Gebietes, der vom Süden der Wüste durch die Gebirgszüge von Tibesti, Ahaggar und Adrar der Iforas getrennt ist, in die Erdöl/Erdgassuche einbezogen.

In Libyen schürfen vorwiegend die großen anglo-amerikanischen Erdölkonzerne, wie Standard Oil, Shell, British Petroleum u. a. Die Erkundungen in Algerien werden von französischen Gesellschaften beherrscht; die Angloamerikaner spielen hier die zweite Rolle. In der westlichen Sahara suchen französische, italienische und spanische Gesellschaften unter meist starker amerikanischer Beteiligung.

Unter Sahara verstehen wir die Gesamtheit der Wüsten- bzw. Senkungsgebiete, die südlich des Atlasgebirges und der südöstlichen Mittelmeerküste und nördlich der west-, mittel- und ostafrikanischen metamorph-kristallinen Schilde liegen. Dieser erdölgeologische Begriff der riesigen, in zahlreiche Unterbecken zerteilten jugendlichen Senkungszonen umfaßt

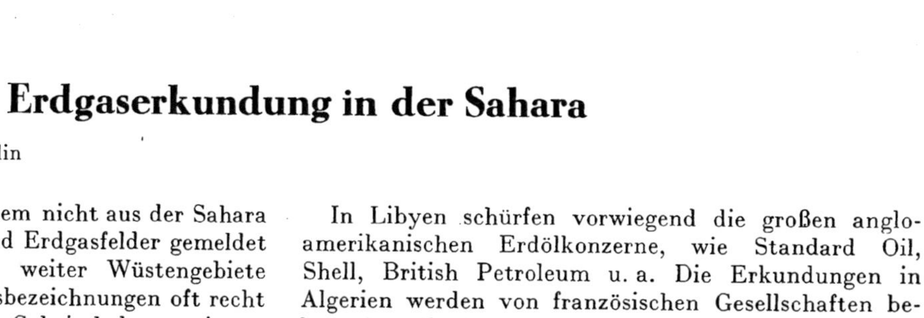

Abb. 1. Die Erdöl- und Erdgasfelder der Nordsahara, Stand Anfang 1959

a) Erdölfelder am Westufer des Golfes von Suez, b) trockene Erkundungsbohrung Mamura 1, c) nördliche Erdölfelder Libyens, d) westliche Erdölfelder Libyens, e) Erdölfelder des Beckens von Polignac, f) Erdölfelder von Hassi Messaoud, g) Erdgasfelder Hassi R'Mel, h) Erdgasfelder In-Salah.

also ein wesentlich größeres Gebiet, als ihn der übliche geographische Begriff ausdrückt.

In Algerien und Libyen gehören die großen Erdöl- und Erdgasfelder vorwiegend zum Tafeltyp. Zur allgemeinen geologischen Orientierung kann die Kartenskizze von N. MENSCHIKOW (Z. angew. Geol. 1958, S. 541), zur erdölgeologischen Information auch die Kartenskizze von HEDBERG (Z. angew. Geol. 1958, S. 283, bzw. Bull. Am. Ass. Petr. Geol. 1959, S. 1627) benutzt werden.

J. SOUTELLE („Montanarchiv" Nr. 67 v. 21. 8. 59, S. 4), der zuständige algerische Minister, erklärte kürzlich, daß es die gewaltigen noch unerschlossenen Vorräte unter dem Wüstensand der algerischen Sahara als möglich erscheinen lassen, daß dieses Gebiet einmal den gleichen Rang als Ölproduzent einnehmen werde, wie ihn der Mittlere Osten heute einnimmt. Dort wurden 1958 rund 213 Mio t Rohöl gefördert, und es

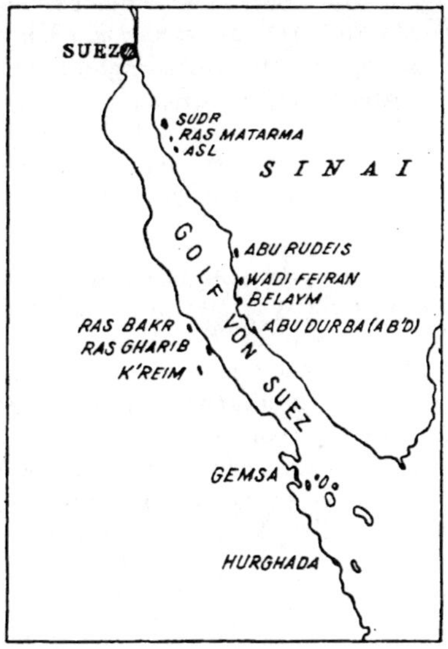

Abb. 2. Die Erdöllagerstätten Ägyptens

können bei gleichbleibender Förderungssteigerung 1965 mindestens 400 Mio t, vielleicht sogar bis 500 Mio t Rohöl gefördert werden .Der Minister sagte der algerischen Sahara auf Grund der bisherigen geologischen und geophysikalischen Erkundungen eine große Zukunft voraus. Die zur Zeit ermittelten sicher gewinnbaren Erdölvorräte bezifferte er mit über 1 Mrd. t Rohöl.

Die Produktivität der algerischen Saharasonden liegt zwischen 70 und 500 tato. „Nach Berechnungen nordamerikanischer Erdölexperten (‚Deutsch-französischer Wirtschaftsdienst' Juli 1959, S. 27) waren im Weltdurchschnitt 1000 Bohrungen erforderlich, um auf ein neues Vorkommen der Klasse „A" zu stoßen, (was einem abbaufähigen Vorrat von über 7,5 Mio t entspricht). In der Sahara waren für die Entdeckung der bisher bekannten 5 Erdölvorkommen der Klasse ‚A' nur etwas mehr als 100 Bohrungen erforderlich, d. h., daß eine von 20 Bohrungen auf ein solches ‚A'-Vorkommen stieß. Das große Erdgasvorkommen vom Djebel Berga wurde bereits mit der ersten Erkundungsbohrung gefunden. Ferner stießen die ersten Bohrungen im Gebiet von Edjelé und Hassi Messaoud auf Erdöl. Diese Erfolge zeigen, daß die vorherige geologische Erkundung der Sahara genaue Ergebnisse gebracht hat."

Über die Kosten der Erkundungsarbeiten in der algerischen Sahara teilt die „Bergbau Rundschau" 1959, S. 410, mit:

„Die Kosten für einen Geologen betragen je Monat 20000,— DM, für einen gravimetrischen Arbeitstrupp 200000,— DM, für einen seismischen 400000,— DM, für den Transport einer Bohrausstattung von 1200 t nach Edjelé 500000, —DM sowie für einen Bohrmeter 2000,— DM."

Ägypten

Die ägyptische Förderung von etwa 3 Mio t Rohöl, die ungefähr 86% des Energiebedarfes des Landes deckt, stammt aus den Lagerstätten der Halbinsel Sinai am Ostufer des Golfes von Suez. Man rechnet mit einer Produktionssteigerung auf 6—8 Mio t Rohöl im Laufe der nächsten Jahre.

Auf dem Westufer des Golfes von Suez waren die Erkundungsarbeiten in der ägyptischen Ostwüste, den östlichsten Ausläufern der (geologischen) Sahara erfolgreich. Lagerstätten wurden bei Ras Bakr, K'reim, Ras Gharib, Gemsa und Hurghara erbohrt.

Die erste und bisher einzige Erkundungsbohrung des Feldes K'reim ergab etwa 65 tato Rohöl. Eine in der westlichen ägyptischen Wüste an der Mittelmeerküste östlich der libyschen Grenze und östlich von Sollum niedergebrachte, fast 3800 m tiefe Erkundungsbohrung Mamura 1 blieb trocken.

Libyen

In Libyen begann die ernsthafte Erdölsuche mit modernen Methoden etwa 1957, nachdem schon seit den 40er Jahren ab und zu einmal ungenügende Schürfversuche unternommen worden waren. Die libysche Regierung gab kürzlich bekannt, daß von 35 Erkundungssonden 6 erfolgreich gewesen seien und daß eine davon eine Förderkapazität von 350 tato besaß. Inzwischen meldete die Esso Standard, daß ihre Aufschlußbohrung Zelten 1, 300 km südlich Bengasi, täglich rund 2500 t Rohöl bei Testversuchen lieferte. Das Öl hat ein spezifisches Gewicht von 0,838 und stammt aus einem Kalkstein des Paläozäns aus 1664 bis 1727 m Tiefe. Die Speicherhorizonte sind etwa 50 bis 100 m mächtig und weisen eine hohe Porosität und Permeabilität auf. Die Bohrung Zelten (oder Zeltan) 1 ist somit die ergiebigste Sonde aller bisher bekannten Saharafelder; denn sie würde eine Jahresproduktion bei gleich anhaltender Förderkapazität von etwa 900000 t Rohöl ausgeben können. Auch die Bohrung Zelten 2 ist inzwischen gut fündig geworden, und zwar mit 1900 tato. In Abb. 3 geben wir die fündigen Bohrungen der Standard Oil in Libyen nach „Oil and Gas Journal" vom 24. 8. 59, S. 649, sowie die damals noch im Abteufen begriffene Erkundungsbohrung Zelten 3 wieder.

Nordwestlich von Zelten wurde die Aufschlußbohrung Mobruk 1 eruptiv fündig, und zwar gleich-

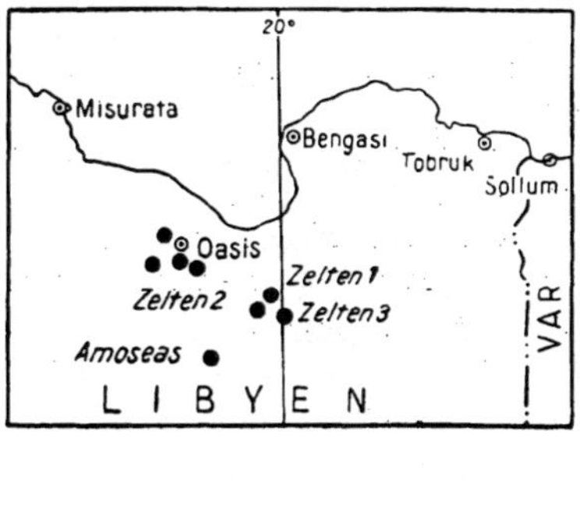

Abb. 3. LibyscheErdölfelder der Standard Oil of New Jersey (nach „Oil and Gas Journal", 1959)

falls aus einem Kalkstein. 400 km südlich von Tripolis erbrachte die Erkundungsbohrung Emgyat aus 1250 m Teufe 96 tato leichtes Rohöl.

Die sonstigen bisher einigermaßen gut bekannten libyschen Lagerstätten liegen im Norden und Westen des Landes. Die nördlichen Vorkommen Dahra, Bahi (oder Balu) und Bir Tlacsin sind nur etwa 200 km von der Küste der Großen Syrte entfernt. Eine Sonde der Shell bei Bir Tlacsin gibt etwa 140 tato aus, die Sonden von Bahi und Dahra fördern aus Speichern der Kreideformation je etwa 100 tato leichtes Rohöl. Die nordlibyschen Erdölfelder liegen in geringerer Entfernung von den Mittelmeerhäfen als die algerischen (s. Abb. 1).

Die westlichen Erdölfelder Libyens bei Atshan liegen im Fezzan etwa auf der Breite des algerischen Feldes Edjelé und sind von diesem nur durch die algerisch-libysche Grenze getrennt. Erdölgeologisch stellt das westlibysche Erdölgebiet mit dem ostalgerischen ein großes zusammenhängendes Becken dar, das vorwiegend Tafelcharakter besitzt und daher in günstigen Strukturen bedeutende Erdölakkumulationen bergen kann. Die Sonde Atshan B_2-1 produziert aus devonischen Speichern in 2500 m Teufe etwa 100 tato. Aus karbonischen Speichergesteinen fördert die Sonde Tahara B 1 aus etwa 1300 m Teufe etwa 15 tato.

Einwandfreie Berechnungen über die libyschen Erdölvorräte liegen noch nicht vor; doch wird man beim gegenwärtigen Erkundungsstand mit sicheren Vorräten in einer Größenordnung von etwa 500 Mio t Rohöl rechnen können. Speichergesteine treten im Paläozoikum, Mesozoikum und älterem Tertiär auf.

Die erdölgeologische Gesamtsituation ist in der libyschen Sahara so, daß mit der Entdeckung weiterer ausgedehnter und vorratsreicher Tafellagerstätten gerechnet werden kann. Allerdings werden die Sucharbeiten durch große Minenfelder aus dem zweiten Weltkrieg erschwert. Trotzdem finden zahlreiche seismische Messungen und geologische Oberflächenkartierungen statt. Unter Leitung des US-Geological Survey wurde ein stratigraphisches Komitee gebildet, das eine für ganz Libyen verbindliche stratigraphische Nomenklatur ausarbeiten soll.

Algerien

Fort-Polignac-Becken

Zwischen Fort Flatters und der libyschen Grenze liegen die drei Erdölfelder Edjelé, Tiguentourine und Zarzaitine sowie das Erdgasfeld Tin-Essameid.

Das Erdölgebiet wurde im März 1956 durch die erste fündige Bohrung bei Edjelé entdeckt. Zur Zeit gelten die Felder von Zarzaitine als besonders hoffnungsvoll. Ende 1958 waren dort von 13 niedergebrachten Sonden 12 produktiv, und zwar aus 500—1200 m Teufe aus karbonischen (vorwiegend aus der Visé- und Tournai-Stufe) und devonischen Speichergesteinen. Das Rohöl von Edjelé weist ein spezifisches Gewicht von etwa 0,849 auf. Zarzaitine 2 hat eine Förderkapazität von fast 500 tato eines leichten Rohöles aus devonischen Speichern.

In Edjelé sind über 80 Bohrungen niedergebracht. Das Feld ist am besten erkundet; seine sicher gewinnbaren Vorräte wurden auf über 200 Mio t Rohöl berechnet. Die Vorräte von Zarzaitine dürften mindestens in der gleichen Höhe liegen. Insgesamt sind in dem 60000 km² großen Gebiet des Polignac-Beckens etwa 700 Mio t an sicheren Erdölvorräten bekannt geworden. Man rechnet für 1960 mit einer Förderung von 600000 t, für 1961 von 5 Mio t.

Neuerdings sind bereits in der weiteren Umgebung der großen bekannten Erdölfelder Erkundungsbohrungen fündig geworden. Im Westteil der Hammada de Tinghert (ihr Ostteil liegt in Libyen), also nordöstlich von Fort Flatters, ist nach eingehenden geologischen und geophysikalischen Untersuchungen mit dem Bohren begonnen worden. Die dortliegende Sonde Tesselit 101 fand unter dem mesozoischen Stockwerk ein vollständiges Profil vom Karbon bis zum Präkambrium. Sie erbrachte starke Zuflüsse von leichtem Rohöl und Gas aus Speichern des Devons und Ordoviziums.

Westlich des Polignac-Beckens wurden im Bergland El Biod im Devon der Hamra-Struktur nasse Gase erbohrt. 80 km südwestlich von Edjelé stieß man auf ein neues Erdölvorkommen, dessen Speicher im Ordovizium zwischen 1485 und 1508 m Teufe bei Ouan Tared liegen. Die erste Bohrung gab aus 1450 m Teufe 71000 m³/d Naßgas aus. Die Sonde Akamil I erbrachte stündlich aus dem Unterdevon 11000 m³ eines sehr gasolinreichen Naßgases.

Die Rohölleitung (24″) von Edjelé nach dem tunesischen Hafen La Skhirre ist fertig projektiert. Sie soll im Oktober 1960 in Betrieb genommen werden.

Hassi Messaoud

Die Erdölfelder von Hassi Messaoud und die Erdgasvorkommen von Hassi R'Mel liegen in einem Becken, das durch das Auftreten salinarer Triasschichten gekennzeichnet ist. Auf dem Ölfeld Hassi Messaoud („Glückspendender Brunnen") waren bis Anfang 1959 21 Sonden fündig, von denen aus vier produziert wurde, die 1700 tato ausgeben können. Die Abgrenzung des fündigen Gebietes ist noch nicht abgeschlossen, eine Ausweitung der Felder ist wahrscheinlich. Die Sonde Md 1 fördert aus 140 m mächtigen triassischen und 210 m mächtigen permischen Sandsteinen bei 3300 bis 3750 m Teufe ein schwefelfreies leichtes Rohöl. Im Durchschnitt geben die Sonden 200 m³ Begleitgas pro Tonne Rohöl aus. Die sicheren Vorräte werden auf 1 bis 2 Mrd. t berechnet, die wahrscheinlichen werden bis zu 7,5 Mrd. t geschätzt. Für 1960 ist eine Förderung von 8 Mio t vorgesehen, die sich 1963 auf 14 Mio t erhöhen soll.

Das Rohöl wird durch die seit Januar 1958 im Betrieb stehende 6-Zoll-Fernleitung nach der 170 km entfernten Eisenbahnstation Touggourt befördert und von da in Kesselwagen zum Mittelmeerhafen Philippeville weitertransportiert. Die Hauptrohrleitung nach dem 660 km entfernt gelegenen Hafen Bougie wurde im Herbst 1959 fertiggestellt.

Sie hat einen Durchmesser von 24″ und wird zunächst mit 2 Pumpstationen ausgerüstet und soll jährlich 4,8 Mio t Rohöl befördern. Durch Einbau weiterer Pumpstationen wird die Durchflußleistung auf 9,5 bzw. 14 Mio t jährlich erhöht werden. In ihrem Juni-Heft 1959 brachten „Industries et Travaux d'Outre-Mer" folgende Übersicht:

	Durchflußgeschwindigkeit m³/s	Stundenleistung m³/h	Tagesleistung m³/d	Jahresleistung t
1. Etappe	0,69	690	16000	4650000
2. Etappe	1,38	1380	32000	9300000
3. Etappe	2,10	2100	48000	14000000

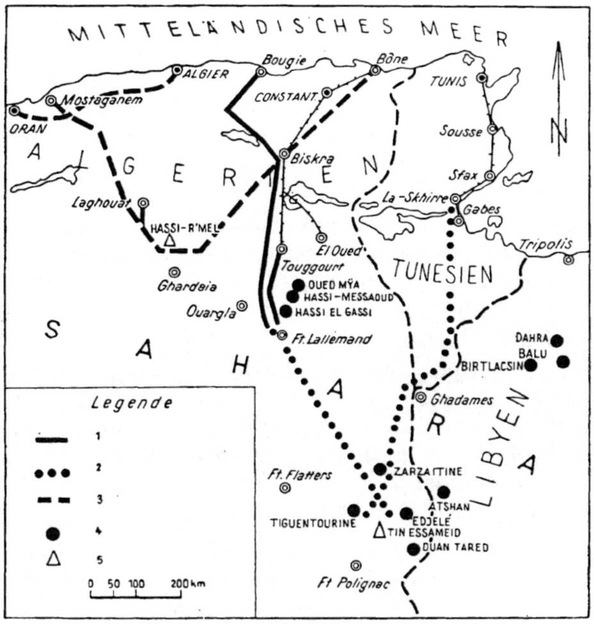

Abb. 4. Erdöl- und Erdgasfelder und Fernleitungen in der nördlichen algerischen Sahara

1 — fertiggestellte Rohölleitungen, 2 — im Bau befindliche Rohölleitungen, 3 — projektierte Gasfernleitungen, 4 — Erdölfelder, 5 — Erdgasfelder.

Am 1. April 1960 wird die zweite, 1961 die dritte Etappe erreicht sein. Man rechnet damit, daß für die Endleistung 10 bis 20 zusätzliche Exploitationsbohrungen notwendig sein werden.

Insgesamt sind auf dem Ölfeld 4000 Werktätige beschäftigt. Es wird 3 Wochen lang 8 Stunden täglich in 3 Schichten gearbeitet. Ruhetage gibt es nicht, dafür gilt jede vierte Woche als Ruhepause. Während dieser werden die Werktätigen per Flugzeug nach Algier bzw. nach Frankreich geflogen.

Die erste Erkundungsbohrung des neuen Feldes Hassi el Gassi, 80 km südlich von Hassi Messaoud, gab aus 3000 m Tiefe bei einem Sohlendruck von 445 at 300 tato eines leichten Rohöles aus, das in seiner Qualität dem von Messaoud entspricht. Quarzitische Sandsteine von 74 m Mächtigkeit bilden das Speichergestein.

Hassi R'Mel

Die Gaslagerstätte Hassi R'Mel, 100 km südöstlich von Laghouat, wurde im November 1956 entdeckt. Ende 1958 kam nördlich der Gasfelder durch die Bohrung Bordj Nili ein neues Ölfeld hinzu. Unter Sandsteinen der salinaren Trias, in denen die Speichergesteine des Erdgases von Hassi R'Mel lagern, wurde in marinen Horizonten des Oberkarbons ein leichtes Rohöl in wirtschaftlichem Ausmaß erbohrt. Hassi R'Mel, das als Zentrum der beabsichtigten Gasgewinnung der algerischen Sahara gilt, wird also auch leichtes Rohöl liefern. Seine Lagerstätten fördern neben reinem schwefelfreiem Methan vor allem schwefelarme, leicht kondensierbare Naßgase, die den Übergang zu den Kondensat- und Leichtöllagerstätten bilden. Produktiv sind die Sonden HR 1—7 und TR 1. Die Sonde HR 7 gibt aus 2258 m Teufe 7000 m³/h Erdgas aus. Durch die Erkundungsbohrung Tilrempt 1 konnte der Umfang des förderwürdigen Gasgebietes auf etwa 2000 km² erhöht werden. Die sicheren Vorräte werden mit 600 Mrd. bis etwa 2 Billionen Nm³ angegeben, die Schätzungen der wahrscheinlichen Vorräte reichen von 1 bis 8 Bill. Nm³.

DELCLAUD, C. & A. MARTEL[1]) bringen eingehende Daten, denen wir entnehmen:

Die gasführende Trias lagert diskordant auf verschiedenen Schichten des Paläozoikums vom Kambro-Ordovizium über Gotlandium bis zum Unteren Devon. In Abb. 5 geben wir das von ihnen publizierte Normalprofil wieder.

Seismische Messungen haben ergeben, daß das Kristallin im Zentrum der Struktur, die eine nordsüdliche Antiklinale mit Flankeneinfallen von 1—2° darstellt, bei etwa 6000 m Tiefe lagert.

In dem untersten Abschnitt des Salinars, der sogenannten sandigen Trias, treten die Speichersandsteine A, B und C auf. Sie sind mittelkörnig, schlecht klassiert, feldspat- und chlorithaltig. Das Zement ist teils tonig-bituminös, teils anhydritisch, sehr selten dolomitisch. Die Tone, die die Speicherhorizonte trennen, haben braunrote Farbe, sie sind chlorit- und glimmerreich.

Der tiefste Speicherhorizont C ist nicht überall ausgebildet; seine Mächtigkeit schwankt zwischen 0 und 60 m, mitunter ist er ein reicher Speicher. Der Horizont B ist am wenigsten produktiv; er erreicht in der Sonde TR 1 seine größte Mächtigkeit von 20 m und zeichnet sich durch

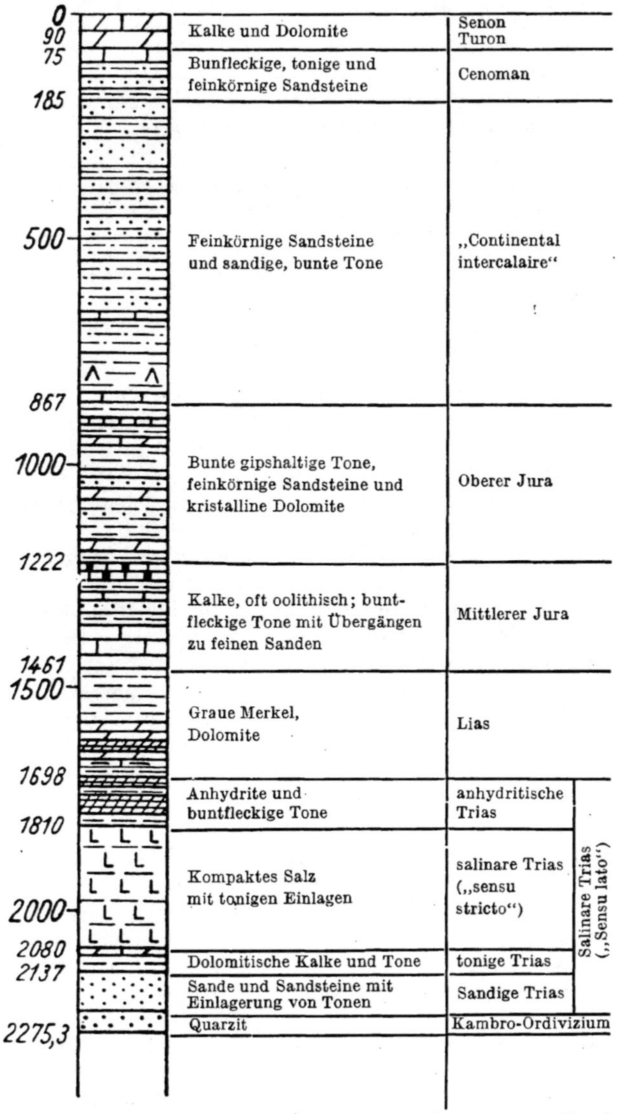

Abb. 5. Normalprofil durch die Erdgaslagerstätte Hassi R'Mel, nach DELCLAUD & MARTEL 1959

[1]) „Revue de l'Institut Français du Pétrole" Vol. XIV, No. 4—5, 1959, S. 457—465.

häufigen Fazieswechsel aus. Der oberste Speicherhorizont A enthält die ausgedehntesten und reichsten Gasvorkommen; er ist 15—35 m mächtig. Seine Porosität schwankt von 5% im NW der Antiklinale, wo toniges Zement vorherrscht, bis zu 22% in der Zentralzone, wo die Sandsteine weniger zementiert sind. Die Übergangszone zwischen Gas und Begleitwasser ist geringmächtig (einige Meter). Der Sohlendruck beträgt etwa 310 at, die Temperatur 90° C, der Gasolingehalt des Naßgases 156,5 g/m³. Von den sicheren Vorräten entfallen je 15% auf die Horizonte C und B und 70% auf den Horizont A.

Größere Erdölvorkommen vermutet man in devonischen Riffen, die z. Z. eingehend erkundet werden.

Der Bau der Gasleitungen nach den algerischen Häfen hat begonnen. Durch eine 240 km lange untermeerische Trasse soll das Methangas von Mostaganem zur europäischen Küste transportiert und von da aus nach Straßburg, dem Ruhrgebiet und vielleicht sogar nach Mittelengland weitergeleitet werden. (Z. angew. Geol. H. 10, 1959, S. 515). Der Gestehungspreis des Gases von 9000 WE soll nach den verschiedensten Berechnungen zwischen 4,5 und 7 Pf je m³ im Ruhrgebiet zu liegen kommen. Man rechnet damit, daß in einigen Jahren etwa 50 Mrd. Nm³ Methan von den Gasfeldern Hassi R'Mel rentabel nach außerafrikanischen Gebieten transportiert werden können. Der „Volkswirt" Nr. 31 v. 1. 8. 59 gibt folgende Gestehungspreise bei einem Methanpreis von 1,5 ffrs./m³ ab Bohrung an:

Verbrauchsgebiet	Erdgaspreis in ffrs/m³	Verbrauchsgebiet	Erdgaspreis in ffrs/m³
Spanien	3,90	Lothringen	5,50
Provence	4,40	Ruhrgebiet	6,10
Lyon	4,70	Lille-Brüssel	6,20
Schweiz[1]	5,20	London	6,50

In-Salah

Das angeblich größte unter den bisherigen Gasgebieten der Sahara liegt südlich In-Salah in einem intramontanen Becken, das im Norden das Hochland von Tademait, im Osten die Ausläufer der Tassili der Adschar und im Süden und Südosten die Ausläufer des Ahaggar-Gebirges begrenzen.

Nach Südwesten zu ist das Becken offen und geht in die großen westsaharischen Tafelgebiete über. Im März 1954 war die erste Bohrung fündig geworden. Die wichtigsten Lagerstätten liegen am Djebel (= Berg) Thara, Djebel Berga und bei Tibaradine. Die Speicher sind Sandsteine des Unteren Devons. Sie lagern bei Berga in 1400 m, bei Bazzène in 1900 m und bei Thara in 2500 m Teufe. Die tägliche Produktionskapazität der einzelnen Sonden liegt zwischen 100000 bis 500000 Nm³. Die Gesamtvorräte sind noch nicht bekannt. Am Djebel Berga betragen sie über 100 Mrd. m³.

250 km westlich von In-Salah wurde ein noch nicht erforschtes Erdölfeld in karbonischen Sandsteinen bei Reggan angefahren. Bei In-Azzene, etwa 100 km östlich von Adrar, stieß man schon in 713 m Teufe auf unter starkem Druck stehendes, frei fließendes Rohöl. Die Sonde 1 gibt aus den Übergangszonen zwischen Gotlandium und Unterem Devon täglich 50 m³ aus. Das Öl ist leicht, es hat ein spezifisches Gewicht von 0,8 und einen Schichtdruck von 93,5 Atm. Zwei Bohrungen 80 km östlich von Timimoum stießen in den gleichen Speichern, die bei Hassi Messaoud produzierend sind, in 1800 m Teufe auf Erdölanzeichen. Diese neuen Ölvorkommen liegen bereits an der Grenze zur Westsahara.

Westsahara

Kondensatlagerstätten wurden im Karbon von Zegmir und im Devon der Tanezrouft angefahren. Antiklinalen im Ahnet-Becken führen Methangas. Im MacMahon-Becken wurde eine Bohrung in ordovizischem Sandstein fündig.

Mauretanien

1959 wurde im Südosten von Mauretanien mit Erkundungsbohrungen begonnen. Im Südwesten des Landes wird das große paläozoische Becken erdölgeologisch untersucht.

Rio de Oro

Auf Anregung der spanischen Regierung werden vorwiegend mit Hilfe amerikanischer Erdölgesellschaften eingehende erdölgeologische Untersuchungen durchgeführt. Man rechnet für 1962 mit den ersten fündigen Bohrungen.

Südsahara

Republik Sudan: Bisher fanden keine Erdölerkundungen statt; ihre Aufnahme ist in Kürze zu erwarten, nachdem zwischen der Regierung und der staatlichen italienischen Erdölgesellschaft ENI ein Konzessionsvertrag über 8500 km² abgeschlossen wurde.

Französischer Sudan: In paläozoischen Gebieten werden einige erdölgeologische Vorerkundungen durchgeführt.

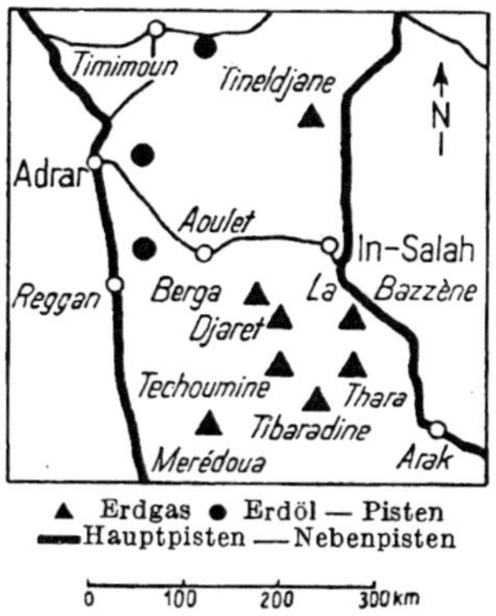

Abb. 6. Erdgas- und Erdölfelder im Becken von In-Salah

Tschadsee-Gebiet: Es sind nur geringfügige geologische Vorerkundungen bekannt geworden. Die vom Autor am Abfall des westafrikanischen Schildes zur Sahara-Tiefebene in dolomitischen Kreidekalken südlich von Tscholere gefundenen Ölspuren stellen bisher einen isolierten Fund dar (vgl. LANGE: „Zur Geologie der Tschadsee-Senke", Z. angew. Geol. 1956, S. 491).

Französisches Nigergebiet und westliche Südsahara: Aus diesen weiten höffigen Gebieten sind keine systematischen Erdölerkundungsbohrungen bekannt.

Schlußbetrachtung

Die geophysikalische und erdölgeologische Erforschung der riesigen Gebiete der Sahara, die erst im abgelaufenen Jahrzehnt begann, steht im allerersten Anfangsstadium ihrer aussichtsreichen Entwicklung. Eine ständige Beobachtung dieser Entwicklung ist nicht nur für die europäischen Erdölgeologen interessant und bemerkenswert, sondern sie ist auch den Wirtschaftsexperten und Energiewirtschaftlern aller europäischen Länder zu empfehlen. Die Erfolge geologischer und geophysikalischer Tätigkeit in der Sahara beginnen durch die Entdeckung weiterer Energiequellen so maßgeblich die Energiebasis der westeuropäischen Länder zu beeinflussen, daß sie auch im östlichen Europa nicht übersehen werden können.

Zusammenfassung

Es wird versucht, den gegenwärtigen Stand der Erkundungsarbeiten, der Vorräte, der Förderung und der Fernleitungen in der Sahara festzustellen. Als geologische Sahara wird die Gesamtheit der Senkungsgebiete zwischen dem Atlas bzw. der östlich von ihm liegenden Mittelmeerküste und den west-, mittel- und ostafrikanischen metamorph-kristallinen Schilden bezeichnet. Durch die Gebirgszüge der mittleren Sahara zerfallen die Senkungsgebiete in einen nördlichen und südlichen Teil. Nur im nördlichen Teil der Sahara wird bisher systematisch auf Erdöl und Erdgas geschürft, und zwar von Ägypten bis Rio de Oro mit den Schwerpunkten in Algerien und Libyen.

Резюме

Автор пытается охарактеризовать теперешнее состояние разведочных работ, запасов, добычи и нефтепроводов в Сахаре. Геологически под «Сахарой» понимается совокупность областей опусканий между Атласом или-же находящимся восточнее от него средиземноморским побережьем и западно-, средне- и восточно-африканскими метаморфически-кристаллическими щитами. Горные хребты Средней Сахары разделяют области опускания на северную и южную части. Систематическая разведка на нефть и газ ведется лишь в северной части Сахары, а именно, начиная от Египта до Рио де Оро (Испанской Сахары) с центрами в Алжире и Ливии.

Summary

It is tried to determine the present stage of the exploration work, the reserves, the output and the pipelines in the Sahara. The term geological Sahara means all depressions between the Atlas respectively the Mediterranean coast in the east of it and the West-, Middle- and Eastafrican crystalline shields. The mountain ranges of the Middle Sahara are separating the depressions in a northern and a southern part. It is only in the northern part of the Sahara that systematic prospecting of naphta and natural gas has been done till now, i. e. from Egypt to Rio de Oro with centres in Algery and Libya.

Neue Eisenerze bei Kolari (Lappland)

KLAUS SCHMIDT, Berlin

Seit 1956 sind im Gebiet nördlich Kolari (Abb. 1) in Finnisch-Lappland Prospektierungsarbeiten auf Eisenerze im Gange, durch welche eine Lagerstätte nachgewiesen werden konnte, die in wenigen Jahren annähernd die gleiche Bedeutung besitzen wird wie das bekannte Ilmenit-Magnetit-Vorkommen von Otanmäki am Südwestrand der Kareliden südlich des Oulujärvi. Ausgangspunkt der Erkundung bildeten die seit dem 17. Jahrhundert bekannten Skarnerze von Juvakaisenmaa (BORGSTRÖM 1928), die bereits mehrfach untersucht wurden, ohne daß ökonomische Vorräte festgestellt werden konnten. In Verbindung mit der Herstellung von Stereokarten wurden im Jahre 1956 aeromagnetische Aufnahmen durchgeführt, die einen Komplex bedeutender Anomalien ($4000-100\,000\ \gamma$) ergaben, an dessen weiterer Erkundung die SUOMEN MALMI OY arbeitet.

Die aufgefundenen Erze liegen im Verbreitungsgebiet lapponischer Gesteinsfolgen nordwestlich des großen Granitareals von Aavasaksa-Rovaniemi, welche mit den karelidischen Serien (Jatul, Kalev) Ostfinnlands parallelisiert werden können (E. MIKKOLA 1941) und ihre Fortsetzung auf schwedischem Gebiet in der Kiruna-Serie finden. Es handelt sich dabei um Quarzite, Kalke, Schiefer mit Amphiboliteinschaltungen, dunkle, kiesführende Graphitschiefer, leptitische Gneise, Glimmerschiefer und Amphibolit, welche von verschiedenen Graniten, Apliten und Pegmatiten durchbrochen werden. Die Quarzite sind stellenweise konglomeratisch entwickelt und besitzen vereinzelt ausgezeichnet erhaltene Sedimentärgefüge (Kreuzschichtung u. a.).

Das Grundgebirge liegt im allgemeinen unter einer 10—50 m mächtigen Pleistozän-Hülle mehr oder weniger autochthonen Materials verborgen und weist bereichsweise eine mehrere 10 m mächtige vorpleisto-

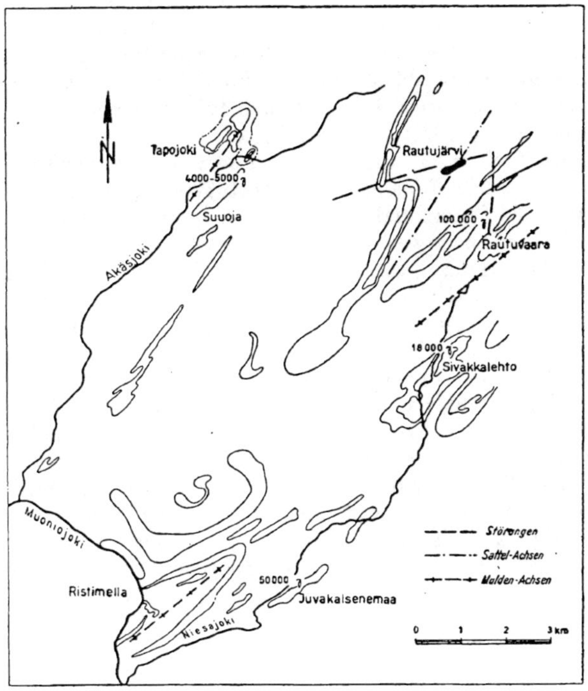

Abb. 2. Übersichtskarte der magnetischen Anomalien des Gebietes von Tapojoki — Juvakaisenmaa

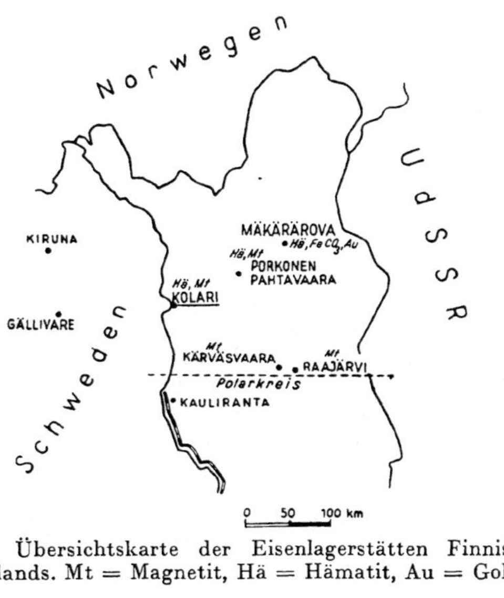

Abb. 1. Übersichtskarte der Eisenlagerstätten Finnisch-Lapplands. Mt = Magnetit, Hä = Hämatit, Au = Gold

zäne Verwitterungszone auf, die durch die Nähe der ursprünglichen Eisscheide in der Zone Muonio-Kittilä bedingt ist.

Die Tekton k des zuletzt von E. MIKKOLA (1941) kartierten Gebietes wurde durch starke jüngere Bruchbildungen kompliziert und ist wegen der schlechten Aufschlußverhältnisse nur mit Hilfe geophysikalischer Methoden zu klären. Die Bruchlinien zeichnen sich zwar zum Teil in der Hydrographie ab, treten aber erst auf den geophysikalischen Karten deutlich hervor.

Abb. 4. Blick von Tapojoki über den Äkäsjoki nach Osten

Die aeromagnetische Karte (Abb. 2) enthüllt einen NE-SW streichenden Faltenbau, der durch Bohrungen und Feldkartierungen genauer festgelegt werden konnte. Die beiden Anomalien von Tapojoki und Suuoja bilden die Schenkel einer mit etwa 15° nach SW einfallenden Synklinale. Bei Rautuvaara, wo die stärkste Anomalie (100000 γ) des Gebietes auftritt, zeichnet sich eine Sattelstruktur ab, an die sich im SE eine Mulde anschließt, in deren SE-Flügel die Anomalie von Sivakkalehto liegt. Der genannte Sattel taucht mit etwa 45° nach SW unter und wird von Brüchen durchzogen, welche auch die Anlage des Rautujärvi bedingen. Das generelle Südwestfallen der Achsen scheint aber im NO der Strukturen in Nordostfallen überzugehen.

Eine weitere Antiklinale ist nördlich der Mündung des Niesajoki bei Ristimella entwickelt. Sie ist bereits bei der früheren Feldkartierung erkannt worden und enthält in den Flanken erzführende, jedoch ökonomisch wertlose quarzitische Gesteine.

Nach Bohrergebnissen und Feldkartierungen fallen die Flügel der Synklinale von Tapojoki-Suuoja mit 50° gegen das Innere ein. Der Muldenkern besteht aus einer Vielfalt quarzitischer Gesteine, die unterschiedlich hohe Hämatitkonzentrate enthalten, aber auch völlig erzfrei sein können. Darunter folgen Glimmerschiefer von mehreren 10 m Mächtigkeit, 100—200 m Quarzit und schließlich die im gesamten Gebiet weit verbreiteten Granite. Die Gesteinsverbände werden diskordant und konkordant von Mikroklinpegmatiten durchsetzt, die als Ergebnis einer Stoffmobilisation aufzufassen sind. Bei den neuen Kartierungsarbeiten sind große Ausstriche kompakter Erze festgestellt worden, deren Vorhandensein bisher unbekannt war.

Die Hämatiterze besitzen z. T. ein kataklastisches Gepräge und enthalten untergeordnet Magnetit. Ihre Vorräte betragen bei Schwankungen des Eisengehaltes von 25—35% etwa 35 Mio t. Die Erze weisen außerdem einen unterschiedlichen Gehalt an rot gefärbtem Quarz, Muskovit und 3—10% Baryt auf.

Über den Kern der Rautuvaara-Antiklinale ist noch wenig bekannt. Die Schenkel fallen mit 60° nach außen. Es handelt sich z. T. um aplitähnliche Quarzite, die auf Granitisierungsvorgänge hinweisen. Die Erzführung im Nordwestflügel ist unbedeutend.

Bei Rautuvaara wurden unter Graniten etwa 50 m mächtige Amphibolite und Skarne mit Magnetiterzen festgestellt, welche von etwa 100 m Quarzit unterlagert werden. Bei Sivakkalehto sind die Amphibolite noch nicht durchbohrt worden. Die maximalen Bohrtiefen betragen etwa 450 m.

Die Erze von Rautuvaara-Sivakkalehto sind im Gegensatz zu den Hämatiterzen bei Tapojoki-Suuoja magnetitreiche Skarnerze, die neben Magnetit[1]), Ilmenit, etwa 5% Sulfide (Pyrit, Magnetkies, Kupferkies), Amphibole, Diopsid, Skapolith, Epidot, Turmalin, Zeolith (Chabasite) und Karbonate enthalten (Abb. 3). Der Erzgehalt beträgt im Durchschnitt 30%, die Vorräte belaufen sich auf etwa 25 Mio t.

Eine weitere Anomalie von etwa 20000 γ ist 13 km westlich von Suuoja bei Mannakorpi festgestellt worden. Erste Tastbohrungen haben auch hier gute Erze im Dolomit angetroffen.

Die Bohrungen werden mit kanadischen LONGYEAR-Geräten (Kerndurchmesser 21 mm) durchgeführt, die bei der Verwendung von Diamantkronen einen Bohrfortschritt von 9 cm in der Minute im Kristallin erreichen. Die Kernrohre werden mit Seil gezogen. Bis zum Juli 1959 sind etwa 100 Bohrungen mit einer Gesamtlänge von 15000 m niedergebracht worden.

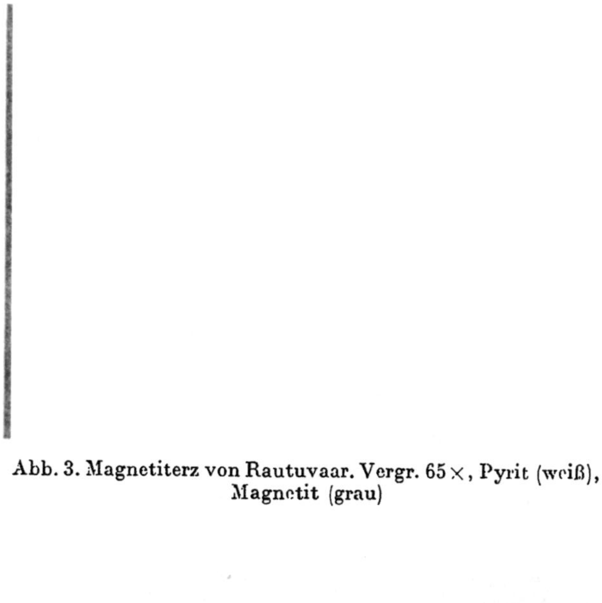

Abb. 3. Magnetiterz von Rautuvaar. Vergr. 65×, Pyrit (weiß), Magnetit (grau)

[1]) Der Magnetit weist deutliche Anisotropieeffekte auf und enthält streifenweise Einlagerungen feinkörnigen Spinells. Eine spektrochemische Aufnahme im Labor. des Zentral. Geol. Dienstes Berlin hat Gehalte von ca. 0,1% Ti, 0,005% V, $>$ 1% Mn ergeben.

Die Metallogenese ist bei dem augenblicklichen Stand der Untersuchungen noch nicht völlig klar. Für das Vorkommen von Tapojoki-Suuoja kann aber ohne Zweifel sedimentäre Entstehung angenommen werden. Gleichgültig, ob auch die Rautuvaara-Erze sedimentärer Herkunft sind oder aber eine magmatische Lagerstätte vorliegt, muß für beide Erze eine metamorphe Überprägung und Metallanreicherung gefordert werden.

Dem Abbau stehen vorläufig noch eine Reihe verkehrstechnischer Schwierigkeiten im Wege. Da ein Transport der Erze auf dem Muoniojoki wegen der Stromschnellen nicht möglich ist, muß die Bahnlinie, die im N von Kauliranta endet, verlängert werden. Die Erschließung der Lagerstätte erfordert außerdem den Bau eines Flugplatzes, für den ein nahezu unbewaldetes, ebenes Pleistozän-Terrain zur Verfügung steht, so daß sich große Bodenarbeiten erübrigen.[2])

Zusammenfassung

In der Gegend von Kolari (Lappland) sind in lapponischen Quarziten und Amphiboliten Hämatit- und Magnetiterze mit einem Gesamtvorrat von 60 Mio t festgestellt worden. Davon entfallen 35 Mio t auf die mit den Quarziten verknüpften Hämatiterze und 25 Mio t auf magnetitreiche Skarnerze. Die Genese der Erze ist noch ungeklärt, doch spricht manches für eine sedimentäre Entstehung.

Резюме

В местности Колари (Лапландия) в лапонских кварцитах и амфиболитах установлены запасы гематитовых и магнетитовых руд общими запасами в 60 миллионов тонн. Из них 35 миллионов тонн относятся к гематитовым рудам связанным с кварцитами, а 25 миллионов тонн к скарновым рудам богатым магнетитом. Генезис руд еще не выяснен, но имеются некоторые признаки осадочного происхождения.

Summary

In the district of Kolari (Lapland) hematite- and magnetite-ores have been ascertained in Lapponian quartzites and amphibolites. The total reserves amount to 60 million t. 35 million t are hematite-ores which are associated with quartzites; 25 million t are magnetite-bearing skarn-ores. The genesis of the ores is not fully cleared up but there are arguments for a sedimentary origin.

[2]) Ich danke den Herren Mag. E. MIKKOLA und Mag. W. HYPPÖNEN von der SUOMEN MALMI OY herzlich, daß sie mir die Möglichkeit gaben, die Lagerstätte kennenzulernen und mir den Einblick in ihre bisher vorliegenden Untersuchungsergebnisse gestatteten.

Literatur

BORGSTRÖM, L. H.: On the iron ore of Juvakaisenmaa. – Fennia 50, Nr. 20, 1928.

MIKKOLA, ERKKI: Suomen geologinen yleiskartta, lehdet B 7 – C 7 – D 7 Muonio-Sodankylä-Tuntsajoki. – Kivilajikartan selitya. Helsinki 1941.

Wege der geochemischen Sucharbeiten auf verborgene Erzkörper polymetallischer Lagerstätten und Lagerstätten seltener Metalle[1])

I. I. Ginsburg, Moskau

Die erzbildenden Lösungen führen nicht nur zur Bildung von Erzvorkommen und einzelnen Erzkörpern, sondern sie verändern auch die Nebengesteine und schaffen vererzte Zonen, die räumlich und in bezug auf ihr Volumen mit den in ihnen eingeschlossenen Erzvorkommen und Erzkörpern nicht unmittelbar vergleichbar sind.

Die geochemischen und mineralogischen Untersuchungsmethoden an sich können bei ihrem gegenwärtigen Stand nur bei der Auffindung von Erzfeldern, aber nicht von einzelnen Erzvorkommen und Erzkörpern wesentliche Hilfe leisten. Die geochemischen Methoden können jedoch im Verein mit Strukturuntersuchungen und geophysikalischen Verfahren die Bereiche in den aufgefundenen einzelnen Feldern zur Entdeckung von verborgenen Erzkonzentrationen genauer angeben.

Das grundlegende Ausgangsprinzip der geochemischen Methoden bildet die Untersuchung der Spurenelementevergesellschaftung in den Gesteinen und Mineralien (in einer Anzahl von Fällen auch in den Grundwässern und in der Bodenatmosphäre), die innerhalb der Erzfelder auftreten, da diese Komplexe sich qualitativ und quantitativ von den Komplexen unterscheiden, die in Gebieten vorliegen, in denen keine polymetallische Vererzung oder Vererzung mit seltenen Metallen erfolgte.

Das Aufsuchen von Erzfeldern und den dazugehörenden Erzvorkommen und Erzen erfolgt durch:

a) geochemische Kartierung der einzelnen primären Gesteine des bereits geologisch aufgenommenen Gebietes;

b) Ausscheidung der von den erzbildenden Lösungen veränderten Gesteine und sorgfältige Kartierung auf vorgegebene Elemente;

c) Entnahme einzelner Mineralien aus diesen veränderten Gesteinen und geochemische Untersuchung dieser Mineralien;

d) chemische Untersuchung der Grundwässer und Quellen;

e) Probenahme der ausströmenden Gase und Analyse dieser Gase.

Die heutigen analytischen Verfahren — Spektral-, Röntgenspektral-, kolorimetrische, chromatographische, Maß-, flammenphotometrische, Aktivierungs-, radiometrische u. a. Analysen — sind heute zu einem solchen Grad vervollkommnet, daß damit massenweise halbquantitative und quantitative Bestimmungen der verschiedensten Elemente angefertigt werden können, sowohl der allgemein verbreiteten lithogenen und chalkophilen als auch der seltenen Elemente. Auf diese Weise können die um die Erze erfolgten Veränderungen aller Typen (Serpentinisierung, Chloritisierung, Albitisierung, Feldspatisierung, Epidotisierung, Verquarzung, Karbonatisierung, Fluoritisierung, Turmalinisierung, Pyritisierung, Arsenisierung u. a.) quantitativ in großem Umfange dargestellt und auf bedeutenden Flächen kartiert werden.

Mit den gleichen Methoden kann man auf der Oberfläche der primären Gesteine und in den Bohrkernen

[1]) Materialien für die Allunionsberatung zur Erarbeitung wissenschaftlicher Grundlagen für das Aufsuchen verborgener Erzkörper (Thesen der Vorträge und Mitteilungen), Moskau 1958, S. 22–24.

Bereiche ausscheiden, die mit Quecksilber, Arsen, Antimon, Selen, Tellur, Bunt- und seltenen Metallen usw. „verseucht" sind; hierbei werden die hydrothermal veränderten Felder, die nach den in Punkt 5 erwähnten Methoden aufgefunden wurden, geochemisch nach einem dichteren Netz kartiert.

An den Stellen, an denen der Prozeß der Metallkonzentration nicht genügend klar ist, und ferner dort, wo es sich darum handelt, den Typ, die Zonarität und die Tiefenerstreckung der Vererzung zu ermitteln, werden monomineralische Proben verschiedener Mineralien — silikatischer, oxydischer, sulfidischer u. a. — entnommen, die auf den Gehalt an den einzelnen Metallen besonders untersucht werden. Von den festgestellten erzhöffigsten Feldern wird sowohl die Verteilung der Spurenelemente selbst als auch der Gehalt stärker ausgeprägter Indikatoren eingehend kartiert.

Bei der Eintragung der erhaltenen Daten in die Karte wird die horizontale und vertikale Zonarität bei der Verbreitung der direkten und indirekten Indikatoren im Erzfeld und ihr Zusammenhang mit seiner Struktur und den Einzelheiten des lithologischen Baues erkannt. In Verbindung mit der visuellen mineralogischen und mikroskopischen Untersuchung werden die Stadien der hydrothermalen und durch die Vererzung geschaffenen Veränderungen bestimmt, ferner das Niveau des möglichen Erosionsanschnitts, und mit Hilfe der Strukturkartierung werden die Bereiche festgelegt, die durch bergmännische Aufschlüsse oder durch Bohrungen überprüft werden müssen.

In Gebieten mit überdeckten Lagerstätten wird die analoge Arbeit durch Abbohren durchgeführt, wobei vorher eine hydrochemische und eine Gasaufnahme erfolgt.

Die hydrochemische Aufnahme muß sich spezifisch von der üblichen unterscheiden. Ihr Zweck besteht darin, hydrothermal veränderte Erzfelder aufzufinden. Daher werden die Wässer auf ihren Gehalt an gewöhnlichen Elementen — K, Na, Ba, Be, Sr, SiO_2, SO_4, B, F, As, Li, Sb, Hg, Fe^{2+}, Fe^{3+}, Mn^{2+} — und selteneren Elementen, wie Nb, Ta, seltene Erden u. a., untersucht. Wie auch bei den früher erwähnten geochemischen Aufnahmen besitzt in verschiedenen Fällen nicht nur die Kartierung der absoluten Gehalte, sondern auch das Verhältnis einzelner Indikatorelemente zueinander große Bedeutung, wie z. B. K : Na, Na : Mg, Cu : Zn, Co : Ni u. a.

Bei der Gasaufnahme wird der Hg-Gehalt und die Radioaktivität des Hg in der Bodenluft bestimmt.

Leider ist die Mehrzahl der neuesten Methoden nicht nur den Geologen, sondern auch den Chemikern unbekannt. Diese Kenntnis ist ein Privileg einiger Institute. Daher ist die breitere Popularisierung dieser Methoden sowie die Unterrichtung und Ausbildung entsprechender Spezialisten äußerst notwendig. Die erforderlichen Geräte müssen in großer Menge hergestellt werden. Parallel dazu müssen viele analytische Methoden für die Anwendung in großem Maßstab endgültig ausgearbeitet werden, die Empfindlichkeit muß gesteigert, die Konstruktion der Geräte und die analytischen Methoden müssen vereinfacht werden.

Die behandelten Verfahren zum Aufsuchen von verborgenen Erzkörpern sind auch in Gebieten anwendbar, in denen in Abbau befindliche Lagerstätten vorhanden sind, sowohl in Tage- als auch in Untertagebauen.

Der Haselbacher Ton des Weißelster-Beckens

Chemische, physikalische und brenntechnische Untersuchungen

RUDOLF HOHL, Freiberg (Sa.)

Einleitung

In einem Aufsatz „Der Haselbacher Ton des Weißelster-Beckens, geologische Stellung und wirtschaftliche Bedeutung im Abraum des Braunkohlenbergbaues" (Heft 12/1959, S. 589/596) wurde die Lagerung und Genese dieser wichtigen Lagerstätte behandelt. Da die Verwendbarkeit von keramischen Rohstoffen aber nicht nur von den geologischen Verhältnissen, sondern insbesondere auch von ihren chemischen, physikalischen und brenntechnischen Eigenschaften abhängt, soll nachstehend darüber in Kürze berichtet werden, damit das Bild dieser großen und bedeutenden Tonlagerstätte abgerundet wird.

1. Der Haselbacher Ton

Die technische Bedeutung, die der Haselbacher Ton für vielerlei Zwecke besitzt, hat es mit sich gebracht, daß das Material von vielen Seiten ständig oder in unregelmäßigen Abständen physikalisch, chemisch und brenntechnisch untersucht worden ist. Von Vorteil ist dabei, daß die Probenahme an verschiedenen Stellen und zu unterschiedlichen Zeiten vorgenommen wurde. Auch die untersuchenden Laboratorien haben dabei gewechselt. Daß im letzten Jahrzehnt viele Prüfungen an genau horizontiert entnommenem Material erfolgt sind' hängt damit zusammen, daß die Haselbacher Serie auf Vorschlag des Verfassers mehrfach in das Erkundungsprogramm der StGK einbezogen wurde und daher eine größere Anzahl von Proben anfiel. Die zahlreichen Befunde erlauben, eine gewisse Übersicht über die auftretenden Tonqualitäten zu geben.

A. Chemische Untersuchungen

a) B. v. FREYBERG hat bereits im Jahre 1927 (S. 12) eine abgekürzte chemische Analyse eines Tones publiziert, der in einer Grube bei Haselbach anstand (Grube der damaligen Altenburger Kaolinwerke GmbH):

SiO_6	63,49%	für die geglühte Substanz
Al_2O_3	32,80%	
Fe_2O_3	1,88%	

Zugleich macht v. FREYBERG auf die hochplastische Beschaffenheit des Materials und seine Feuerfestigkeit (SK 31/32) aufmerksam.

b) Infolge eines erhöhten Bedarfes unserer Tonindustrie, vor allem der Schamotteproduktion, an guten Tonen und wegen der Tatsache, daß die Vorräte an wertvollem Luckenauer Ton im Zeitzer Revier ihrem Ende entgegengingen und man sich um Ersatz bemühen mußte, wurden ab 1951 mehrfach mit Vertretern der Tonindustrie gemeinsame Besichtigungen in Tagebauen vorgenommen.

Im Dezember 1951 betrug die Mächtigkeit des Haselbacher Komplexes im Schleenhainer Tagebau rd. 6 bis

12 m. Der Ton war unregelmäßig gelagert. Dem Ton waren regellos Sandlagen zwischengeschaltet, die ihn teilweise völlig verdrängten. Außerdem enthielt der Ton mehr oder weniger reichlich Kohleblüten. Proben wurden aus den aufgeschlossenen oberen und unteren Partien des Lagers entnommen. Es zeigte sich damals, daß der Tonerdegehalt (einschließlich des nicht abgetrennten TiO_2) anscheinend nach der Tiefe etwas zunahm. Teilweise wurden im Ton erhebliche Eisengehalte festgestellt, die auf zersetztem Schwefelkies beruhten. Im einzelnen ergaben die Analysen der Tonproben folgendes Bild:

Tab. 1. Analysen von Haselbacher Ton aus dem Tagebau Schleenhain 1951 (VEB Schamottekombinat Brandis)

Nr.	1 Oberton, grau	2 Oberton, braun	3 Unterton, braun	4 Unterton, grau
Glühverlust[1])	7,98	20,30!	19,33!	12,85
SiO_2	73,57	68,65	53,68	56,86
Al_2O_3	22,56	27,00	37,53	40,98
Fe_2O_3	3,09	4,50	10,87!	3,22

[1]) Die Werte beziehen sich auf die geglühte Substanz.

Der höhere Glühverlust der Proben 2 und 3 beruht auf einer stärkeren Beimengung organischer, kohliger Substanz. Die SiO_2- und Al_2O_3-Werte der Proben 1 und 2 zeigen, daß es sich nicht um ausgesprochen fette, sondern zum Teil auch um schluffige Partien gehandelt hat.

c) Genauere Untersuchungen von Proben aus den Haselbacher Tongruben sind Herrn Dr. HOLST vom Forschungslaboratorium Anorganische Chemie des VEB Elektrochemisches Kombinat Bitterfeld zu verdanken, in dem Proben vom Herbst 1952 analysiert wurden. Die Beurteilung der Tone seitens des genannten Laboratoriums war außerordentlich günstig und ermutigte seinerzeit den Verfasser zu den Bohrarbeiten im Raume Wildenhain-Hagenest bzw. Haselbach (HOHL 1959, S. 590).

Die Untersuchung der Tonproben in Bitterfeld erbrachte folgende Werte (siehe Tab. 2).

Gerade diese Analysen können als besonders zuverlässig gelten, da sie in Bitterfeld unter der Leitung erfahrener Fachkräfte ausgeführt wurden, die sich viele Jahre auf Tonanalysen spezialisiert haben. Die Untersuchung war genauer als bei den sonstigen Prüfungen, weil die vorgesehene Verwendung des Tones für die Al_2O_3-Darstellung einen etwas anderen Analysengang verlangte.

d) Eine umfangreiche Probenahme ist in Zusammenhang mit dem Neuaufschluß Haselbach durch Kollegen des Geologischen Dienstes Freiberg (Sa.), in Zusammenarbeit mit dem PKB „Kohle", Außenstelle Mitteldeutschland, im März 1954 in den Tagebauen Schleenhain und Witznitz II vorgenommen worden. Die Tonproben wurden dem Zentrallaboratorium für feuerfeste Erzeugnisse in Meißen zugeleitet.

Das Analysenbild läßt erkennen, daß die chemischen Eigenschaften der Tone, wie schon auf Grund der geologischen Lagerungsverhältnisse und der „Augenbemusterung" zu erwarten war, gewissen Schwankungen unterworfen sind. Wenn man das Tonlager nur im ganzen aushalten kann, tritt eine Vermischung der einzelnen Tonarten ein. Naturgemäß kann man in einem Braunkohlentagebaubetrieb mit hoher Förderleistung einzelne Partien in der Decke nicht von Hand abbauen. Doch erscheint es auf Grund der vorgesehenen Produktion (Steinzeug, Stahlformschamotte, feuerfeste Tone für Stahlwerke, Material für die chemische Industrie u. a. m.) und an Hand der Meißener Untersuchungen nach dem dortigen Urteil tragbar, den Ton bis zu einer gewissen Grenze ohne Sortierung zu verwenden, da sich Durchschnittsproben immer recht ähnlich sind. Für die Produktion von Stahlformschamotte bestehen nach den Meißener Befunden keine Bedenken. Gewisse Nachteile könnten dagegen bei der Steinzeugproduktion insofern auftreten, als der Sinterungspunkt nicht erreicht wurde (s. u.). Sämtliche Proben zeigen Bläherscheinungen, die freilich durch Verschneiden mit anderen Tonen zu beseitigen wären. Die Untersuchung auf Säurelöslichkeit hat ergeben, daß auch die Erzeugung von Steinzeugröhren möglich ist.

Die Werte für den Glühverlust liegen bei den Proben des Jahres 1954 zwischen rund 7 und knapp 20%, wobei 8 bis 13% am häufigsten sind. Bezieht man die übrigen Werte auf die geglühte Substanz, so ergibt sich folgendes:

Der Gehalt an SiO_2 beträgt zwischen 53 und etwa 70%, meist um 55 bis 60%, während die Al_2O_3-Werte einschließlich TiO_2 zwischen etwa 28 und 48%, meist jedoch bei 35 bis 40% liegen. TiO_2 dürfte dabei mit rd. 3% einzusetzen sein. Diese Gehalte stimmen durchaus mit den unter b), aber auch mit den unter c) aufgeführten Bitterfelder Analysen überein. Ähnliches ist auch für den Gehalt an Fe_2O_3 zu sagen, der mit 1,5 bis 3,3%, jedoch meist um 2,0 bis 2,5%, also etwas höher als in Bitterfeld, bestimmt wurde. CaO spielt in den Tonen praktisch keine Rolle, wie von vornherein feststand. Der CaO-Gehalt liegt in jedem Falle unter 0,8% und beträgt oft weniger als 0,6%. MgO konnte nur in Spuren festgestellt werden. Soweit Alkalien bestimmt wurden, sind auch dabei nur niedere Werte zu verzeichnen, K_2O mit rd. 1% oder weniger; Na_2O fehlt vollständig.

Tab. 2. Analysen des Haselbacher Tones aus den Haselbacher Tongruben 1952 (VEB Elektrochemisches Kombinat Bitterfeld)

Bezeichnung und Beschaffenheit	Trockenverlust 120° C %	Glühverlust 650° C %	Vollanalyse Glühverl.	SiO_2	Al_2O_3	Fe_2O_3	TiO_2	Gesamt
a) Ton, graublau, fett, schwach sandig	5,4	10,0	1,4	58,7	31,8	2,2	3,1	97,2
b) Ton, graublau, fett, schwach sandig	2,8	7,5	1,5	64,0	27,3	1,5	3,0	97,3
c) Ton, graublau, fett, mit Sandnestern	6,0	11,0	1,2	58,4	32,4	1,9	3,0	96,9
d) Ton, graublau, fett	4,0	10,6	1,6	56,3	33,4	2,3	3,1	96,7
e) Ton graublau, fett, schwach sandig	3,6	8,7	1,5	59,4	31,1	2,2	2,9	97,1

Die Tone des Haselbacher Komplexes aus den Grubenbereichen Schleenhain und auch Witznitz ähneln im ganzen durchaus denen des Haselbacher Feldes selbst.

e) Acht weitere Tonproben (Mischproben) aus dem Schleenhainer Felde wurden im Jahre 1957 im VEB Entwicklungsbüro Grobkeram Meißen — Zentrallaboratorium für feuerfeste Erzeugnisse — untersucht. Sie stammen aus Bohrlöchern, die zum Zwecke spezieller Tonerkundung in unmittelbarer Umgebung des Dorfes

Schleenhain von der StGK Geologischer Dienst Freiberg (Sa.) durchgeführt und von Dipl.-Geol. BÖHME, Leipzig, bearbeitet wurden. Der Glühverlust schwankte in Abhängigkeit von beigemengter Braunkohlesubstanz zwischen knapp 8 und 12, vorwiegend um 10%, ebenso wie bei den vorangehenden Bestimmungen früherer Jahre, so daß dieser Wert für nicht schon äußerlich stärker kohlehaltige Tone verallgemeinert werden darf. Der SiO_2-Gehalt liegt im durchaus üblichen Verhältnis zwischen etwa 48 und 64, meist um 60%, zumal die Tone teils fett, teils etwas schluffig bis feinsandig waren. Al_2O_3 und TiO_2 wurden wiederum zusammen bestimmt, wobei Werte zwischen rund 25 und 37% auftraten, meist aber die Werte bei 32 bis 36% lagen, also auch hier in den üblichen Grenzen. Ebenso zeigen die Fe_2O_3-Gehalte mit rd. 1,3 bis 2,7% das gewöhnliche Bild, und der CaO-Wert mit 0,2 bis 0,4% läßt ebensowenig wie MgO mit etwa 0,2% Besonderheiten erkennen.

f) In das gleiche Bild passen auch die Ergebnisse der Untersuchungen, die im Jahre 1957 und gegenwärtig an Bohrproben aus dem Untersuchungsfeld Haselbach in Meißen (Tab. 3) vorgenommen wurden. Einige Beispiele mögen das Gesagte veranschaulichen:

Tab. 3. Analysen des Haselbacher Tones aus Bohrungen im Vorfeld des Tagebaues Haselbach 1957 (Zentrallaboratorium für feuerfeste Erzeugnisse Meißen)

	Nr. 1 Ton braun, fett bis schluffig-feinsandig, kohlehaltig	Nr. 2 Ton, grau, schwach schluffig	Nr. 3 Ton grau, fett	Nr. 4 Ton blaugrau, schwach feinsandig u. schluffig
Glühverlust	12,58	12,3	10,50	10,40
SiO_2	66,80	54,65	57,70	58,00
Al_2O_3 }	27,45	41,80	36,58	33,80
TiO_2 }			1,72	2,12
Fe_2O_3	2,77	2,14	3,10	2,34
CaO	0,23	0,23	0,11	0,11
MgO	Spur	0,23	0,22	0,25
K_2O	2,06	n. bestimmt	n. bestimmt	n. bestimmt
Na_2O	0,45	n. bestimmt	n. bestimmt	n. bestimmt
Feuerfestigkeit (SK)	28	33	32	31/32

B) Brenntechnische Untersuchungen

Das Hauptinteresse aller Untersuchungen des Haselbacher Tones galt neben dem Gehalt an Al_2O_3 vor allem der Feuerfestigkeit und dem brenntechnischen Verhalten des Rohstoffes. B. V. FREYBERG (1927) gibt einen Segerkegel (SK) von 31/32 an.

Die Prüfungen des Jahres 1951 erbrachten zunächst das Ergebnis, daß es sich in Schleenhain nicht um feuerfesten Ton handeln sollte. Dies schien freilich dem geologischen und chemischen Gesamtbefund zu widersprechen. Spätere Untersuchungen in Meißen haben gezeigt, daß die Feuerfestigkeit der Tone zwischen SK 28 und 33 schwankt, wobei Werte von SK 30 bis 32 durchaus vorherrschen und erkennen lassen, daß im ganzen recht wertvolles Material vorliegt.

Gute Ergebnisse erbrachten auch die neuen Bestimmungen an den Schleenhainer und Haselbacher Bohrproben des Jahres 1957. Bei 8 Proben von Schleenhain wurden SK-Werte zwischen 30 und 32/33 festgestellt, wobei SK-Werte 32 bis 33 überwiegen und das Mittel bei SK 31/32 liegt. Die bei der Augenbemusterung als fett anzusprechenden Lagen der Haselbacher Serie können im ganzen als ein gut bis sehr gut brauchbarer Rohstoff für feuerfeste Produkte gelten.

Auch Bestimmungen von Klinkerungspunkten wurden an den zahlreichen Proben vom Jahre 1954 aus Schleenhain und Witznitz II in Meißen vorgenommen. Dabei wurden unterschiedliche Werte ermittelt; in einzelnen Fällen wurde der Klinkerungspunkt nicht erreicht. Am häufigsten lag er bei SK 2a/3a, 3a/4a, gelegentlich aber auch bei SK 7 bis 9 oder auch bei SK 1a. Der Sinterungspunkt wurde nur bei einer einzigen Probe (SK 9/10) erreicht.

Die Säurelöslichkeit (nach DIN 4092 A) wurde jeweils an dem tiefsten Punkt der Dichtbrandkurve bestimmt. Die gefundenen Werte (meist um 10,5%) liegen nach den Meißener Befunden allesamt noch im Bereich der für die Herstellung von Steinzeug zulässigen Grenzen.

Die brenntechnischen Untersuchungen an den Haselbacher Bohrproben 1957 in Meißen haben durchaus ähnliche Ergebnisse gebracht. Die Feuerfestigkeit der Tone liegt im allgemeinen bei SK 31 bis 32.

C) Physikalische Untersuchungen

Bei der Suche nach quellfähigen Tonen in der DDR wurden bereits 1949 im Rahmen der ersten Abbohrung des Schleenhainer Braunkohlenfeldes einige Proben aus der Haselbacher Serie im Erdbaulaboratorium in Berlin durch Dr. R. KÖHLER untersucht. Es geschah dies auf Veranlassung des Präsidenten der damaligen Geologischen Landesanstalt, Herrn Prof. Dr. E. LANGE. Alle Proben zeigten eine nur geringe Quellung im Wasser, und auch nach Zusatz von Soda von 2 bzw. 4% konnte keine wesentliche Aktivierung beobachtet werden.

Im Jahre 1953 wurden erneut bodenphysikalische Untersuchungen an vom Verfasser entnommenen Proben aus dem Tagebauaufschluß Schleenhain und aus der Haselbacher Tongrube vorgenommen. Zusammenfassend wurde seinerzeit von Dr. R. KÖHLER bemerkt, daß es sich der Kornverteilung nach um stark schluffige Tone bzw. um Schlufftone handelt (Abb. 1), die praktisch kalk- und humusfrei sind. Da die Wasseraufnahmefähigkeit mit Enslinwerten zwischen 65 und 95 nur mittlere Werte erkennen läßt, dürfte als Tonmineral praktisch wohl allein Kaolinit in Frage kommen. Darauf weist auch das obenerwähnte Ergebnis der Prüfung der Quellfähigkeit hin. Die Plastizitätszahlen (PI = Fließgrenze — Ausrollgrenze) liegen zwischen 17,1 und 36,6. Werte über 25 herrschen durchaus vor. Somit gehört die Hauptmasse der schon äußerlich gut plastischen, fetten Tone der Haselbacher Serie auch auf Grund von Laboratoriumsuntersuchungen den hochplastischen fetten Tonen an. Das bedeutet freilich nicht, daß überhaupt nur fette Tone vorkämen. Bisweilen überwiegen im Aufschluß wenig günstige, magere und sandige Varietäten. Diese kamen aber naturgemäß nicht zur Untersuchung.

Ebenso wie das Quellverhalten wurde auch der thixotrope Grenzwert N (= Verhältnis von Flüssigkeitsvolumen zum Festvolumen im thixotrop erstarrten Koagel nach einer Erstarrungszeit von 1 Minute) mit Werten zwischen 3,3 und 5,5 verhältnismäßig niedrig festgestellt, so daß das thixotrope Verhalten bei den Tonen von Haselbach gering ausgeprägt ist. Dies entspricht den Beobachtungen des Verhaltens der Tone bei den Abbohrungen und im Aufschluß. Der Versuch, die Thixotropie mit verschieden konzentrierten Lösungen

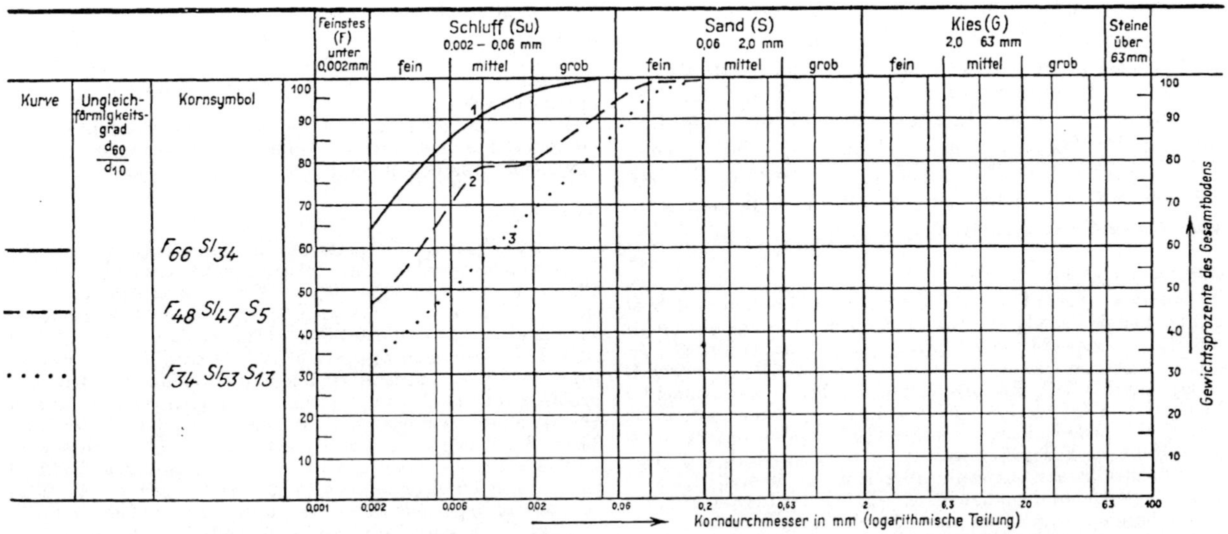

Abb. 1. Kornverteilungskurven von Tonproben aus dem Tagebau Schleenhain, 1953
1 — sandiger, stark schluffiger Ton 2 — schwach sandiger Schluffton 3 — sandiger, stark schluffiger Ton
(Arbeitsweise: Sedimentation — KÖHN; Dispersionsmittel: 0,1 Lithiumkarbonat — Erdbaulaboratorium der StGK Berlin — R. KÖHLER 1953)

von Soda und Lithiumkarbonat zu aktivieren, führte zu keinem Erfolg. Daher eignet sich der Haselbacher Ton weder besonders für Dickspülzwecke noch als Bindeton für Formsande.

Bei der Untersuchung der Haselbacher Bohrproben 1957 in Meißen wurde neben der Feuerfestigkeit SK vielfach auch die Wasseraufnahme in % bestimmt, die zwischen 0,20 und über 4% lag, bei den besseren fetten Tonen aber vorwiegend bei rd. 1 bis 1,5% festgestellt wurde.

2. Die technische Verwendung des Haselbacher Tones

Wie aus der Betrachtung der chemischen, physikalischen und brenntechnischen Untersuchungsbefunde am Haselbacher Ton hervorgeht, handelt es sich bei den meist blaugrauen oder ähnlichfarbigen fetten Partien des Komplexes um einen hochwertigen Rohstoff. Daraus erklärt sich seine vielseitige Verwendung in der Industrie.

Im Gebiet von Haselbach selbst diente er dem VEB Tonwerke Haselbach und dem benachbarten VEB Plottendorfer Werke im Laufe der Jahre zur Erzeugung von Tonwaren, Ofenrohren, Kanalisationsröhren, Steinzeug, auch von Dachziegeln, Klinkern bzw. von Stahlformschamotte. Gegenwärtig werden in Haselbach und Plottendorf ausschließlich Steinzeugrohre und -futtertröge produziert. Zur Verwendung kommt Rohton aus der werkseigenen Grube, der mit gemahlener Rohschamotte aus schluffig-feinsandigem Ton der Grube gemagert wird. Das Brennen erfolgt bei SK 7 bis SK 9 (1230 bis 1280° C). Darüber hinaus wird Rohton oder gemahlener Ton an die chemische und feuerfeste Industrie sowie an verschiedene Stahlwerke abgesetzt.

Mindere Qualitäten des Tones, besonders die mageren Partien, z. B. im Tagebau Witznitz II, dienen in Lobstädt der Ziegelherstellung. Der VEB Ziegelwerk Lobstädt, Kr. Borna, verwendet ausschließlich einen solchen Rohstoff aus dem Witznitzer Tagebau. Dabei wird fetter Ton mit unterschiedlich schluffig-feinsandigem und kohligem Gut gemischt und gemagert. Die Qualität der vorwiegend gelbbrennenden, seltener rötlichen Lochziegel ist gut.

Für die Verwendung des Tones bei wertvolleren Erzeugnissen ist jedoch eines beim Abbau unbedingte Voraussetzung: eine möglichst saubere Gewinnung. Es muß vermieden werden, daß der Ton mit Sand und Kies aus dem Hangenden oder den Begleitschichten verunreinigt wird, weil ein solcher Ton für die Produktion in der keramischen Industrie ausscheidet. Schon geringe Beimengungen von sandigen und kiesigen Anteilen führen beim Brennprozeß zu Bruch und erhöhen den Ausschuß.

Der Ton von Haselbach ist wegen seines hohen Anteils an säurelöslichem Al_2O_3 im Glühzustand an sich zur Darstellung von Tonerde brauchbar, kommt aber dafür nicht in Betracht, weil das Lager vordringlich für keramische Zwecke benötigt wird!

Schon früher hat B. v. FREYBERG (1927, S. 12) auf die gute Eignung des Haselbacher Tones als Bindeton für Brennkapseln und Schamotte hingewiesen. Daneben erwähnte er die Verwendung für Mosaikplatten und für Steinzeug. Damals wurde ebenfalls bereits getrockneter und fein vermahlener Ton als Isoliermittelton verkauft.

Nebenbei sei erwähnt, daß die in Kriegszeiten hergestellten Toiletteseifen (Tonseifen) einen erheblichen Tonanteil aufwiesen, der teilweise aus dem Haselbacher Raum stammte.

Unangenehm macht sich bei der Verwendung des Haselbacher Tones in der Produktion der in einzelnen Lagen mitunter nicht unbedeutende Gehalt an Schwefelkies bemerkbar, der in den fetten, blaugrauen, hochplastischen Partien in Form von knolligen oder niedrigtraubigen, bisweilen stengeligen oder plattigen Konkretionen verschiedener Größe zu beobachten ist. Gelegentlich ist der Schwefelkies fein verteilt und nur mit der Lupe erkennbar. Braune Rostflecke, körnige Aggregate oder oft mulmiges Brauneisen, die besonders gut in hellgrauen, nicht mehr bergfeuchten, getrockneten Tonen auftreten, weisen auf zersetzten Schwefelkies hin. Oft ist in mulmig-körniger Limonitsubstanz noch ein unzersetzter Kern von Schwefelkies zu erkennen. Mitunter hat es den Anschein, als ob der FeS_2-Gehalt in den unteren Lagen des Tones über dem

Hauptflöz stärker wäre. Doch ist das durchaus nicht immer der Fall. Der Gehalt des Tones an Schwefelkies führt beim Brennprozeß zu den gefürchteten blasigen Auftreibungen von Steinen und anderen Erzeugnissen, die unter Umständen nicht nur eine Erhöhung der Porosität nach sich ziehen, sondern eine Verwendung des Fertigproduktes überhaupt ausschließen. Durch Schlämmen ist es möglich, den Ton von Schwefelkies zu befreien.

Zusammenfassung

Die fetten, meist blaugrauen Partien der Haselbacher Serie zeigen bei der Analyse einen Glühverlust zwischen rund 8 und 12, vorwiegend um 10%. Bezogen auf die geglühte Substanz liegt der SiO_2-Wert meist um rund 60%, während Al_2O_3 einschl. TiO_2 im allgemeinen 32 bis 36% ausmacht. Fe_2O_3 wurde bei reichlich 1 bis knapp 3% festgestellt. CaO wie MgO spielen ebenso wie die Alkalien eine untergeordnete Rolle und liegen unter 1%. Die Feuerfestigkeit des Haselbacher Tones schwankt zwischen SK 28 und SK 34, wobei im Mittel und am häufigsten SK 31/32 gefunden wurde. Somit handelt es sich um einen für die feuerfeste Industrie recht guten Rohstoff.

Die Tone weisen eine geringe Quellung auf und sind daher für Dickspülzwecke und als Bindeton für Formsande nicht besonders geeignet. Sie bestehen im wesentlichen aus Kaolinit.

In der Industrie werden sie vielseitig verwendet, zur Herstellung von Steinzeug und Schamotteerzeugnissen und in der chemischen Industrie, mindere Qualitäten zur Ziegelherstellung.

Gelegentlich führen die Tone in einzelnen Lagen reichliche Schwefelkieskonkretionen, die beim Brennprozeß Schwierigkeiten bereiten.

Резюме

Жирные, большей частью серо-синие участки Газельбахской серии при анализе показывают потерю при прокаливании в пределах от 8 до 12%, в среднем около 10%. В перерасчете на каленное вещество величина SiO_2 большей частью около 60%, между тем как Al_2O_3 включительно TiO_2 в общем составляет 32 до 36%, Fe_2O_3 установлено в количестве от 1% с лишним до почти 3%. CaO и MgO, и также щелочи, имеют подчиненное значение и не достигают 1%. Огнеупорность Газельбахской глины колеблется между SK 28 и SK 34, причем в среднем чаще всего найдено SK 31/32. Таким образом глина является пригодным сырьем для промышленности огнеупорных материалов.

Глины показывают незначительное вспучивание, поэтому они не особенно пригодны для глинистых растворов и в виде связывающей глины для формовочных песков. Они состоят главным образом из каолинита.

В промышленности они употребляются для разных целей, например, для производства фаянсовых изделий и изделий из огнеупорной глины, а также в химической промышленности; низкие качества употребляются для производства кирпичей.

Иногда в некоторых прослойках глин встречаются обильные конкреции серного колчедана, вызывающие затруднения при обжигании.

Summary

The analysis of the fatty usually blue-gray parts of the Haselbach series shows an ignition loss between nearly 8 and 12, predominant nearly 10%. Related to the glowed substance the SiO_2-value lies about 60%, while Al_2O_3 including TiO_2 makes up in general 32—36%. Fe_2O_3 was established from abundant 1 to scarcely 3%. CaO and MgO as well as the alkalis play a secondary role and lie below 1%. The fireproofness of the clay of Haselbach varies between SK 28 and SK 34; on the average and most frequently is found SK 31/32. Thus it is a very good raw material for the fireproof industry.

The clays show only a little swelling and are therefore not suitable for circulation with mud and as cementing material for molding sands. They essentially consist of caolinite.

There are many possibilities to use them in the industry: manufacture of ceramics and chamotte-products and in the chemical industry. Minor qualities are used for brickmaking.

Occassionaly the clays are containing in some layers many concretions of pyrite which complicate the process of combustion.

Literatur

BÖHME, P., Ergebnisbericht über Erkundungsarbeiten auf Ton im Raum Schleenhain — Kreis Borna, 1957, unveröffentlicht. — Archiv der StGK Berlin.

v. FREYBERG, B.: Die nutzbaren Begleitschichten der Braunkohle in Thüringen und ihre Muttergesteine. — Beitr. z. Geol. v. Thür., Bd. I Heft 5, S. 1/21, Jena 1927/28.

HOHL, R.: Die Braunkohlenerkundung in Nordwestsachsen. — Z. f. angew. Geol. 1958, H. 1, S. 27/33.

— Hydrogeologische Fragen im Rahmen der Braunkohlenerkundung in Nordwestsachsen. — Ebenda 1958, H. 8, S. 353/359.

— Ergebnisbericht über Erkundungsarbeiten auf Ton im Raum von Wildenhain—Haselbach (Kreis Borna), 1954, unveröffentlicht. — Archiv der StGK Berlin.

— Verschiedene Gutachten und Berichte über den Haselbacher Ton ab 1952, unveröffentlicht. — Archiv der StGK Berlin.

— Der Haselbacher Ton des Weißelster-Beckens, geologische Stellung und wirtschaftliche Bedeutung im Abraum des Braunkohlenbergbaues. — Z. f. angew. Geol. 1959, H. 12, S. 589/596.

POMPER, J.: Unsere Tonlagerstätten. — Silikattechnik 9, S. 110/116, Berlin 1958.

— Die Rohstoffbasen für die mitteldeutsche Steinzeugindustrie. — Silikattechnik 8, S. 322/323, Berlin 1957.

SCHNEIDER, J.: Ton aus Tagebauen. — Die Wirtschaft, Jg. 13, Nr. 23, 5. 6. 1958, S. 10.

SCHRADER, K.-H.: Der Haselbacher Ton als Leitschicht in der Braunkohlenformation Nordwestsachsens und seine technische Verwendbarkeit unter besonderer Berücksichtigung der Genesis der Braunkohlenablagerungen. — Diplomarbeit Bergakademie Freiberg (Sa.), 1951, unveröffentlicht.

Die Rolle der Kristallstruktur einiger nichtsulfidischer Mineralien in den Flotationsvorgängen bei Anwendung von Gasen[1)]

I. N. PLAKSIN & J. M. TSCHAPLYGINA[2)], Moskau

Bei der Untersuchung der Flotierbarkeit einiger nichtsulfidischer Mineralien wurden in der Trübe gelöste Gase verwendet. Dabei trat eine scharf ausgeprägte spezifische Wirkung der Gase auf die Oberfläche von Flußspat, Schwerspat, Titanmineralien und Zirkon bei ihrer Flotation in Erscheinung. Die Untersuchungen zeigten, daß der ungleiche Einfluß der Gase durch die verschiedene Natur dieser Mineralien bedingt ist, und zwar in erster Linie durch die verschiedene Kristallstruktur, welche ihr Flotationsverhalten bestimmt.

Es stellte sich heraus, daß das Verhalten von Flußspat, Schwerspat, Titan und Zirkon bei der Flotation durch die molekular-physikalischen Oberflächeneigenschaften der Mineralien bestimmt wird. Dazu gehören die Anordnung der Ionen in der Oberflächenschicht, die Größe der nichtkompensierten elektrostatischen Ladungen und der Gleichmäßigkeitsgrad ihrer Verteilung in den Grenzen der Elementarzelle. Das hängt direkt mit dem verschiedenen Grad der Benetzbarkeit der

[1)] Deutsche Übersetzung W. OESTEREICH.
[2)] Bei der Arbeit wirkten ferner mit: W. W. BAKAKIN, W. I. TJURNIKOWA.

Oberfläche und dem Verhalten der in der Trübe gelösten Gase zusammen. Die Wechselwirkung zwischen den Gasen und der Oberfläche der Mineralien läuft zum größeren Teil auf eine physikalische Adsorption hinaus, die bei unpolaren Gasen (Sauerstoff und Stickstoff) im wesentlichen auf Kosten der Dispersionskomponente der Adsorptionsenergie zustande kommt. Infolge der Abschirmung des Oberflächenkraftfeldes durch die adsorbierten Moleküle ändert sich ihre summarische Hydratisierbarkeit. Die der Adsorption vorausgehende Diffusion der Gase zur Oberfläche eines Minerals hängt ihrerseits vom Ordnungsgrad der Dipole der Hydrathülle ab. Ein unmittelbarer Zusammenhang zwischen der Hydratisierbarkeit der Oberfläche und der Gasabsorption der Oberfläche ist offensichtlich.

Untersucht wurden nichtsulfidische Mineralpaare, bei denen der Unterschied der Kristallstrukturen am offensichtlichsten war, nämlich Flußspat und Schwerspat, Titanmineralien (Rutil und Ilmenit) und Zirkon.

Wie man aus den Abbildungen erkennen kann, bebesitzen die chemischen und energetischen Kräfte in der Oberflächenschicht bei Flußspat und Schwerspat verschiedenen Charakter[3]). Die Abb. 1 und 2 stellen die Projektionen der Strukturen von Flußspat und Schwerspat auf die Spaltebene dar; ferner sind die Lagen der Ionen in der Oberflächenschicht und die Werte der unkompensierten elektrostatischen Ladungen angegeben.

Bei Flußspat ist eine gleichmäßige Verteilung gleich großer positiver und negativer Ladungen zu beobachten. Die Überschreitungen in der Anordnung ihrer Zentren sind nicht groß — 0,785 Å bei Ionenradien des Kalziums und des Fluors von 1,04 Å bzw. 1,33 Å. Die leeren Räume über den Fluorionen der unteren Schicht sind verhältnismäßig klein, und sie werden durch die Ionen der darüberliegenden Schichten abgeschirmt. Daher zeichnet sich die Oberfläche des Flußspats durch ein niedriges Relief aus; sein Oberflächenmolekularfeld wird durch Gleichmäßigkeit und eine relativ hohe Dichte bei einem geringen Wert der Gespanntheit charakterisiert (die nicht abgesättigten elektrostatischen Ladungen gehen nicht über ein Viertel hinaus).

Die Oberfläche des Schwerspats zeichnet sich dagegen durch bedeutende Unterschiede in den Werten der unkompensierten Ladungen und durch eine scharf ausgeprägte Ungleichmäßigkeit ihrer Verteilung innerhalb der Elementarzelle aus. Im Verein mit einer gewissen „Lockerheit" in der Anordnung der Ionen und dem Auftreten großer Unebenheiten (die Verschiebungen der Ladungszentren in der Oberflächenschicht erreichen 2 Å bei den Ionenradien von 1,38 Å für Barium und 1,36 Å für Sauerstoff) kommt es zu einem ungleichmäßigen Oberflächenmolekularfeld, einer geringeren Dichte und einer großen Gespanntheit in den Lokalisationsstellen der Ladungszentren mit Werten von $> 1/_2$. Der Umstand, daß der Schwerspat mehrere, seinem Charakter nach recht verschiedene Spaltebenen besitzt, vertieft noch die allgemeine Inhomogenität seiner Oberfläche (wir erinnern daran, daß beim Flußspat, der nur in der Richtung (111) spaltbar ist, jede der acht Oberflächen des Oktaeders gleichwertig und gleich wahrscheinlich ist, so daß die Oberfläche nach dem oben behandelten Fall ausgeschöpft ist, sofern man Splitter nach zufälligen Richtungen unberücksichtigt läßt).

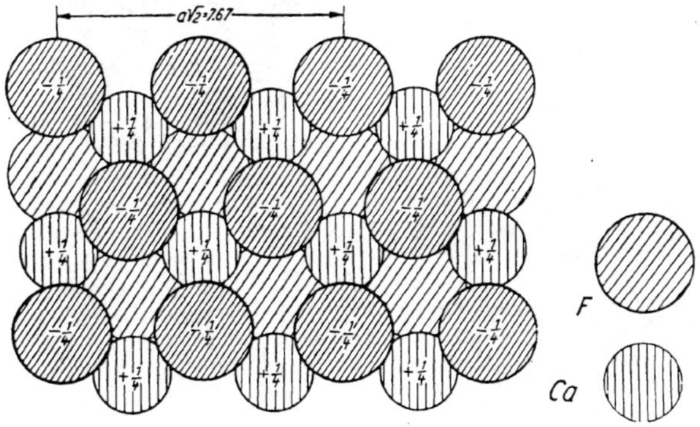

Abb. 1. Projektion der Struktur des Flußspats (CaF_2) auf die Spaltebene (111)

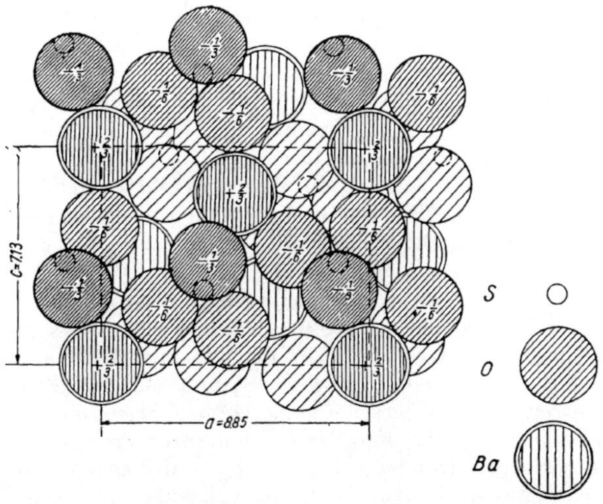

Abb. 2. Projektion der Struktur des Schwerspats ($BaSO_4$) auf die Spaltebene (010)

Die im Vergleich zu Schwerspat geringe Hydratisierbarkeit der Oberfläche des Flußspats, die es gestattet, in manchen Fällen von seiner natürlichen Flotierbarkeit zu sprechen, wird erstens durch den kleineren Wert der nichtabgesättigten Ladungen und zweitens durch das schlechtere Verhältnis der Flächen des zu adsorbierenden Wassermoleküls und der CaF_2-Elementarzelle bedingt. Letzteres bedeutet, daß die Fläche des zu adsorbierenden Moleküls (seine Aufsitzfläche) im Vergleich zu jener Fläche groß ist, worauf sich die Wirkung des entsprechenden Ions richtet; ein Teil der Moleküle kann sich dem anziehenden Ion gar nicht bis zur unmittelbaren Berührung nähern. Ferner begünstigt die relative Ausgeglichenheit der Oberfläche bei Fehlen starker Ladungen eine geringe Festigkeit und die Beweglichkeit der Hydratschicht.

Sehr wesentlich unterscheiden sich ebenfalls die Strukturen der Titanmineralien (Rutil und Ilmenit) von der Struktur des Zirkons. Dies kommt vor allem im Charakter ihrer mechanischen Zerstörung zum Ausdruck.

Um den Charakter der bei den Oberflächenschichten von Rutil, Ilmenit und Zirkon vorhandenen Unterschiede zu ermitteln, analysierten wir die entsprechenden Kristallstrukturen, wodurch vor allem die Richtungen

[3]) Eine Erniedrigung der Färbungsintensität deutet auf den Grad hin, in dem sich die Ionen von der Oberfläche entfernen.

festgestellt wurden, in denen Spaltebenen bei diesen drei Mineralien am wahrscheinlichsten zu erwarten sind.

Solche Flächen sind (nach aufsteigender „Vollkommenheit“ geordnet) für Rutil die Ebenen (110), (100) und (111), für Ilmenit die Rhomboederfläche $(10\bar{1}1)$ und die Prismenflächen $(10\bar{1}0)$ und $(11\bar{2}0)$; für Zirkon die Flächen (100), (110) und (101).

Auf den Abb. 3—5 sind die entsprechenden Oberflächen dargestellt. Gleichzeitig wird dabei auf den Charakter der Ionenanordnung und die Werte der unkompensierten elektrischen Ladungen hingewiesen.

Die Oberfläche des Rutils wird durch eine Wechselfolge gleich großer positiver und negativer unabgesättigter Ladungen, nämlich $+{}^2/_3$ und $-{}^2/_3$ gekennzeichnet, wobei eine bedeutende Größenüberschreitung in der Lage der negativen Ladungszentren gegenüber den positiven zu beobachten ist. Dabei tritt ferner eine teilweise Überdeckung (Abschirmung) der positiven Ladungen durch die negativen auf.

Die Oberfläche des Ilmenits zeichnet sich dadurch aus, daß auf ein und derselben Ebene neben den Ladungen $+{}^2/_3$ und $-{}^2/_3$ die Ladungen $+{}^1/_3$ und $-{}^1/_3$ und ferner eine negative Ladung mit dem Wert -1 auftreten. Die die negative Ladung tragenden Sauerstoffionen liegen auch näher an der Oberfläche; sie überdecken teilweise die positiv geladenen Fe- und Ti-Kationen.

Auf der Oberfläche der Mineralteilchen des Zirkons treten neben kleinen nichtabgesättigten positiven Ladungen $(+{}^1/_2)$ Ladungen mit der Größe $+1$ und $+1{}^1/_2$ auf, während die Größe der negativen Ladung in jedem Fall nicht größer als $-{}^1/_2$ ist. Hierbei erfolgt praktisch kein Überdecken der positiven Ladungen. Vielmehr liegen auf einer der Ebenen die Kationen unmittelbar an der Oberfläche entsprechend höher als die Anionen.

Man muß daher den positiven Ladungen an der Oberfläche des Zirkons offensichtlich eine besondere Rolle zuschreiben und darin die Erklärung für gewisse Besonderheiten des Flotationsverhaltens von Rutil, Ilmenit und Zirkon suchen.

Die Oberflächenbereiche, welche erhebliche positive Ladungen tragen, sind in bezug auf die Sorption am aktivsten; sie treten mit dem Sauerstoff in Wechselwirkung und in erster Linie auch mit dem Sammler. Damit hängt offensichtlich das besonders hohe Haftvermögen der adsorbierten Sauerstoffmoleküle zusammen. Dieses starke Haftvermögen gestattet die Aufrechterhaltung der Flotierbarkeit des mineralischen Adsorbenten in der von Sauerstoff befreiten Trübe.

Wesentlich ist auch die Bemerkung, daß in der Rutil- und Ilmenitstruktur die Sauerstoffionen die Rolle der Anionen ausüben, wobei ihre räumliche Anordnung völlig gleich ist: In beiden Fällen bilden sie eine doppelschichtige dichteste Packung. Die Titan- und Eisenionen besetzen einen Teil der Hohlräume zwischen den Sauerstoffionen. Das Motiv für die Ausfüllung dieser Hohlräume ist bei Rutil und Ilmenit verschieden, und das bedingt den Unterschied ihrer Strukturtypen. Nichtsdestoweniger können sich die Rutilkristalle zum Beispiel im Wachstumsprozeß nach den Flächen (100), die den Ebenen der dichtesten Sauerstoffpackung entsprechen, leicht mit Ilmenitblättchen oder Blättchen von Hämatit (Fe_2O_3) überziehen, der die gleiche Struktur besitzt. Diese Blättchen wachsen ohne Störung der Monokristallität der ursprünglich entstandenen Rutilstruktur. Nach der Ablagerung einer gewissen Anzahl Schichten dieser Mineralien kann erneut die Kristallisation von mehr oder minder reinem TiO_2 in dem seine Integrität beibehaltenden Rutil„real“kristall beginnen. Später können die Fe-Ionen ungehindert zur Oberfläche des Kristalls diffundieren. Die Bedeutung dieser Tatsache werden wir noch würdigen. Es war für uns nur vorläufig wichtig, das Auftreten gemeinsamer Züge im Bau von Rutil und Ilmenit festzustellen.

Die Kristalle des Zirkons $(ZrSiO_4)$ sind äußerlich den Rutilkristallen sehr ähnlich, und dieser Umstand war der Grund dafür, daß man bis vor verhältnismäßig kurzer Zeit ihre Strukturen für identisch hielt, wobei die Formel des Zirkons als Doppeloxyd geschrieben wurde $(SiZrO_4$ und $TiTiO_4)$. Die röntgenometrischen Untersuchungen haben aber gezeigt, daß der Zirkon ein typisches Radikalionengitter besitzt, in dem als Anionenstruktureinheiten isolierte Anionengruppen $(SiO_4)^{4-}$ auftreten. Die Bindung zwischen den Sauerstoffionen und dem Silizium im SiO_4-Komplex ist viel stärker als mit den außerhalb dieses Komplexes liegenden Zirkoniumionen (jedes Sauerstoffatom hängt mit Silizium durch eine ganze Bindung, mit Zirkon insgesamt nur durch eine halbe Bindung zusammen). Verschieden ist auch der Charakter der Bindung selbst: mit Silizium kovalente Bindung, mit Zirkonium Ionenbindung. Das bezeugt die Notwendigkeit, den SiO_4-Komplex als selbständige, durch bestimmte Abmessung gekennzeichnete Struktureinheit zu betrachten.

Man muß auch bedenken, daß ein Umbau der Atome in der äußeren Schicht bei Änderung der Koordinationszahl in den reinen Ionenstrukturen des Rutils und Ilmenits, in denen die Anionenstruktureinheiten — die Sauerstoffionen — viel beweglicher sind, leichter vollzogen werden kann als in der Radikalionenstruktur des Zirkons mit den erheblich größeren und viel Raum einnehmenden komplexen $(SiO_4)^{4-}$-Anionengruppen.

Die Struktur des Zirkons unterscheidet sich daher sehr wesentlich von der Struktur des Rutils und Ilmenits.

Die Kenntnis der konkreten Anordnung der ein Mineral zusammensetzenden Elemente auf bestimmten Ebenen der Kristallstruktur gab die Möglichkeit, eine Erklärung für die scharf ausgeprägte spezifische Wirkung zu finden, welche die Gase auf die Flotierbarkeit der untersuchten Mineralien ausüben.

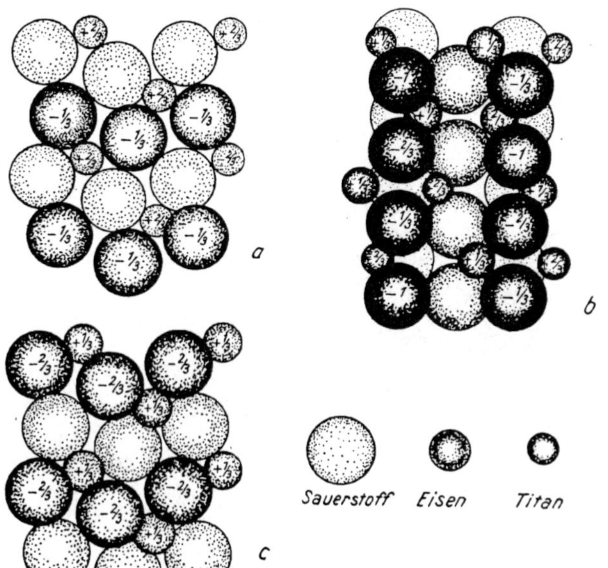

Abb. 3. Oberfläche des Ilmenits $(FeTiO_3)$, a) beim Spalten nach $(10\bar{1}0)$, b) beim Spalten nach $(11\bar{2}0)$

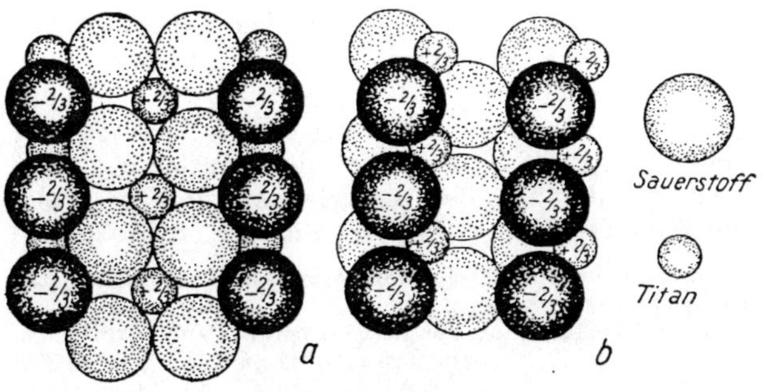

Abb. 4. Oberfläche des Rutils (TiO_2) a) beim Spalten nach (110), b) beim Spalten nach (100)

Die Untersuchungen ergaben, daß Schwerspat und Zirkon ihre durch die Wirkung von Sauerstoff erworbene Flotierbarkeit ständig beibehalten und daß eine längere Behandlung der Trübe mit Stickstoff die Schwimmfreudigkeit nicht beeinflußt, während die Flotationseigenschaften des Flußspats und der Titanmineralien in erheblichem Maß von dem Sauerstoffgehalt in der Trübe abhängen. Bei der Behandlung der Trübe mit Stickstoff verlieren diese Mineralien ihre Flotierbarkeit, die Reagenzien haften nicht mehr am Mineral.

Man nimmt an, daß der Sauerstoff eine zusätzliche Adsorption des Sammlers — Natriumoleat — auf der Oberfläche der Mineralien hervorruft und daß die Wirkung des Stickstoffes durch Desorption des Sammlers gekennzeichnet wird (PLAKSIN & TSCHAPLYGINA 1952). Früher war diese Hypothese analytisch unter Verwendung der Permanganatmethode überprüft worden. Es ergab sich, daß der Sauerstoff die Fähigkeit besitzt, die Dichte der Natriumoleat-Adsorptionsschicht und ihr Haftvermögen an der Oberfläche der Mineralien zu erhöhen (PLAKSIN & TSCHAPLYGINA 1953).

In der letzten Zeit studierten wir den spezifischen Einfluß, den die Gase auf die Wechselwirkung zwischen Mineralien und Reagenzien (Adsorption des Sammlers am Mineral) ausüben, durch Verwendung radioaktiver Isotope. Ferner wurde der Charakter der Verteilung des Sammlers nach der Methode der Mikroautoradiographie untersucht. Diese direkten Untersuchungsmethoden mußten den Zustand und die Mikrotopographie der im Flotationsprozeß durch die Gase und Reagenzien veränderten Oberfläche der Mineralien zeigen.

Als Sammler wurde Tridecylsäure — $C_{12}H_{25}COOH$ — (oder Natriumtridecylat), aus der Reihe der abgesättigten Fettsäuren, mit dem radioaktiven Indikator C^{14} verwendet. Diese Säure wurde deshalb benutzt, weil Oleinsäure mit einem radioaktiven Isotop bis jetzt noch nicht hergestellt wird.

Ein Grund für den Ersatz der von uns früher benutzten Oleinsäure durch Tridecylsäure war die Arbeit von GAUDIN & COLE (1953), in der gesagt wird, daß bei der Flotation von Flußspat mit Fettsäuren (mit einer Kohlenwasserstoffkette bis C_{18}), die ein oder zwei unpaarige Doppelbindungen haben, eine Veränderung des Fettsäuremoleküls oder ihres Ions eintreten kann.

Vorbereitende Flotationsversuche mit Tridecylsäure (unmarkiert) zeigen ähnliche Ergebnisse wie bei der Flotation mit Natriumoleat.

Als inertes Gas wurde Stickstoff verwendet, der zur Entfernung von Sauerstoffspuren vorher durch einen Elektroofen geleitet wurde. Der Ofen wurde mit Kupferoxyd gefüllt, das mit Wasserstoff reduziert wurde.

Zur Erzielung einer bestimmten Sauerstoffkonzentration in der Trübe wurde das Wasser mit reinem Sauerstoff gesättigt. Die Untersuchungen wurden an Flußspat aus einer transbaikalischen Lagerstätte durchgeführt. Das Mineral wurde auf —73 +43 Mikron zerkleinert. Der Verbrauch an Tridecylsäure betrug 100 g/t. Bei der Flotation wurde Soda als Regler verwendet; der Sodaverbrauch betrug 200 g/t. Nach der Flotation und dem Auswaschen der Flotationsprodukte mit Wasser wurde eine Durchschnittsprobe des Minerals entnommen und die Adsorption des Reagens bestimmt: radiometrisch nach der mittleren Dichte des Reagens je 1 g des Minerals und radiographisch nach den Mikroradiogrammen auf einer Fläche des Mineralkorns (Tab. 1 und 2).

Die qualitative Einschätzung der radiographischen Ergebnisse erfolgte nach einer bereits früher beschriebenen Methode (PLAKSIN & TJURNIKOWA 1958).

Wie die Ergebnisse zeigen, beträgt bei der Flotation des Flußspats im sauerstofffreien Medium das Ausbringen des Schaumproduktes nur 37%. Nur 0,52 mg des Sammlers je g Konzentrat wurden adsorbiert. Aus einer Trübe mit normaler Sauerstoffkonzentration erhält man 54—63% Flußspat. Die Adsorption des Natriumtridecylats beträgt 0,79—0,92 mg/g Konzentrat. In sauerstoffgesättigter Trübe erreicht das Ausbringen des Flußspats 89%. Die Adsorption des Reagens durch ein Gramm des Schaumproduktes beträgt in diesem Fall 1,2 mg/g. Die Flotation ist hierbei nicht in 10 Minuten, sondern in 4 Minuten abgeschlossen. (Die Flotation wird bis zur vollkommenen Erschöpfung des Schaums durchgeführt) (Tab. 1, Abb. 6).

Die radiographische Untersuchung zeigte die Verteilung des Sammlers auf der Oberfläche der Flotationsprodukte des Flußspats. Bei der Betrachtung der Mikrodiagramme tritt der Einfluß hervor, den die Sauerstoffdosierung auf den Charakter der Verteilung des Reagens auf der Oberfläche des Flußspats ausübt.

So zeigen die Ergebnisse der Flotation in sauerstofffreier Trübe oder in einer Trübe mit relativ geringer

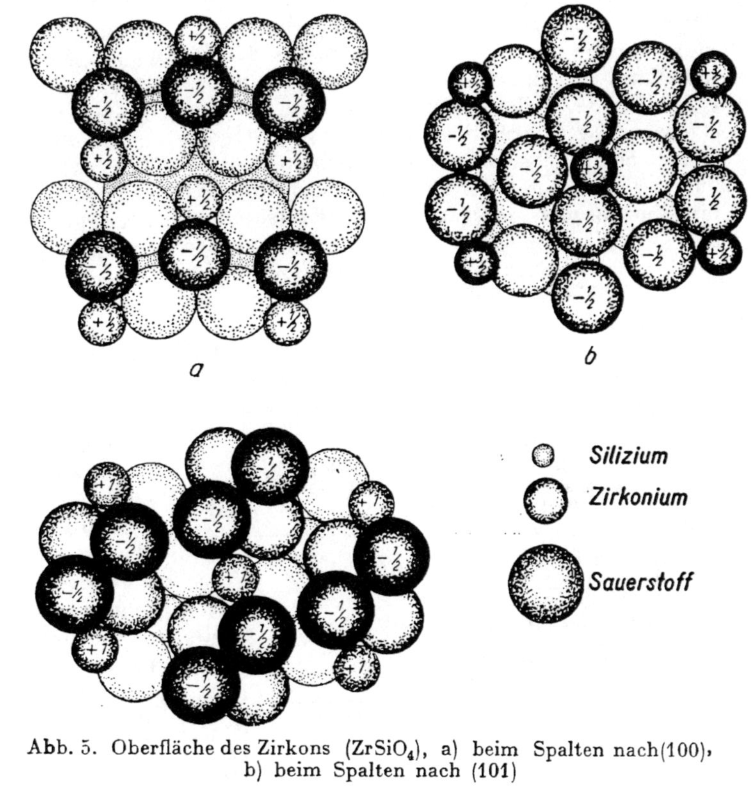

Abb. 5. Oberfläche des Zirkons ($ZrSiO_4$), a) beim Spalten nach (100), b) beim Spalten nach (101)

Tab. 1. Einfluß der Sauerstoffkonzentration in der Trübe auf das Ausbringen und die Adsorption des Natriumtridecylats durch Flußspat

Nr. des Versuchs	Sauerstoffkonzentration in der Trübe mg/l	Flotationszeit, min	Bezeichnung des Produktes	Ausbringen %	Natriumtridecylat adsorbiert auf 1 g des Schaumproduktes	
					mg	in % zur Ausgangskonzentration
1	0,17	10	Schaumprodukt	37,0	0,52	26,0
			Nichtschaumprod.	63,0		
				100,0		
2	8,26	10	Schaumprodukt	54,0	0,79	39,5
			Nichtschaumprod.	46,0		
				100,0		
3	9,76	9	Schaumprodukt	63,5	0,92	46,0
			Nichtschaumprod.	36,5		
				100,0		
4	38,82	4	Schaumprodukt	88,80	1,2	60,1
			Nichtschaumprod.	11,20		
				100,0		

Sauerstoffkonzentration, daß das Reagens auf der Oberfläche des Minerals des Schaumproduktes ungleichmäßiger verteilt ist (der Ungleichmäßigkeitsfaktor beträgt dementsprechend 224% bzw. 140°) als auf den Teilchen des Schaumproduktes, welches bei der Flotation in einer Trübe mit hohem Sauerstoffgehalt erzielt wurde (der Ungleichmäßigkeitsfaktor ist hier gleich 74%).

Die photographischen Bilder zeigen deutlich, daß auf den Teilchen des bei sauerstofffreier Flotation erhaltenen Schaumproduktes nur einzelne Punkte festzustellen sind, welche die Haftstellen des Reagens und die äußerste Ungleichmäßigkeit seiner Verteilung fixieren. Auf der Oberfläche eines mit Luft flotierten Konzentratteilchens ist eine dichtere und gleichmäßigere Verteilung des Sammlers zu beobachten, als das im ersten Fall festzustellen war; es gibt jedoch eine erhebliche Zahl von Stellen, die nicht mit dem Reagens bedeckt sind. Die Flußspatkörner, die aus der Trübe mit hohem Sauerstoffgehalt ausgebracht werden, sind dicht mit hellen Punkten übersät, welche das Anhaften des Natriumtridecylats charakterisieren. Das deutet im Vergleich zur Bedeckung der Flußspatkörner bei der Flotation in Luft und um so mehr bei der Flotation im sauerstofffreien Medium auf eine gleichmäßigere und vollständigere Adsorption des Sammlers hin.

Die durchgeführte Untersuchung zeigte daher, daß bei der Flotation die Sauerstoffkonzentration in der Trübe die Quantität des adsorbierten Reagens, die

Tab. 2. Menge des adsorbierten Natriumtridecylats und der Ungleichmäßigkeitsfaktor seiner Verteilung auf der Oberfläche des Flußspats

Konzentration des Sauerstoffs in der Trübe mg/l	Schaumprodukt		Nichtschaumprodukt	
	Adsorbiertes Natriumtridecylat, 10–12 mg/mk²	Ungleichmäßigkeitsfaktor %	Adsorbiertes Natriumtridecylat, 10–12 mg/mk²	Ungleichmäßigkeitsfaktor %
0,17	6,664	224	5523	187
8,30	14,790	141	7774	160
38,90	34,990	74	5997	200

Adsorptionsgeschwindigkeit und den Charakter der Verteilung des Sammlers auf der Oberfläche des Minerals bestimmt.

Zur Klärung und Präzisierung des Mechanismus der Einwirkung des Sauerstoffs auf die Flotation des Flußspats wandten wir die Methode der schnellen Filmaufnahme (TSCHAPLYGINA 1958) mit Erfolg an.

Die einzelnen Bilder des aufgenommenen Filmes zeigten, daß die Flußspatkörner bei durch Gase und Reagenzien unveränderter Oberfläche bei der Berührung mit den Luftbläschen am Saume des Bläschens zu dessen unterem halbkugeligen Teil gleiten und dann dort abgerissen werden. Für die Flußspatteilchen, die mit einer schwachen Natriumoleatlösung behandelt wurden, ist charakteristisch, daß jedes Korn unmittelbar an der Oberfläche des Bläschens haftet. Die Teilchen aber, die der Einwirkung von Sauerstoff ausgesetzt wurden und sich dann im Kontakt mit der geringkonzentrierten Natriumoleatlösung befanden, haften in ihrer Mehrzahl unter Bildung von Flocken.

Die Methode der schnellen Filmaufnahme gestattete auch die Feststellung, daß eine eigentliche Flotationszeit für den Kontakt zwischen den −0,40 +0,15 mm großen Teilchen und dem Luftbläschen in dem Fall fehlt, in welchem die Oberfläche dieser Teilchen nicht mit Gasen und Reagenzien behandelt wurde. Die Anzahl der nicht am Luftbläschen anhaftenden Teilchen macht die Hauptmenge (100−78%) aller Teilchen aus, die einen im Aufnahmefeld zu beobachtenden Zusammenstoß mit einem Luftbläschen hatten. Die berechnete Zeit für den Kontakt solcher Teilchen mit einem Bläschen liegt bei 0,0022−0,0086 Sekunden.

Bei ähnlichen Versuchen, aber mit Flußspatkörnern, die mit einem Sammler aktiviert wurden, betrug der Anteil der nicht anhaftenden Teilchen insgesamt nur 53−35%, der Kontakt der Teilchen mit dem Bläschen dauerte 0,01−0,02 Sekunden.

Wenn Sauerstoff und darauf Natriumoleat auf die Oberfläche des Flußspats einwirken, fixiert die Aufnahme ein massenhaftes Anhaften der Körner an den Luftbläschen (85−100%). In fast allen Fällen bewirkt also ein Zusammentreffen zwischen Luftbläschen und Teilchen, daß das letztere an der Hülle des Luftbläschens anhaftet. Die Dauer des Kontaktes ist in diesem Fall größer, sie beträgt nicht nur mehrere Hundertstel, sondern sogar Zehntel Sekunden, nämlich 0,054−0,245 Sekunden.

Die Anwendung der schnellen Filmmethode ermöglichte daher die Feststellung, daß durch eine zusätzliche Sauerstoffadsorption auf der Oberfläche des Flußspats eine höhere Mineralisation des Luftbläschens und ein festerer Kontakt zwischen Mineralteilchen und Luftbläschen erreicht wird, verglichen mit den Ergebnissen der Flotation ohne zusätzliche Sauerstoffeinwirkung.

Außerdem zeigte der Film, daß der Mechanismus des Anhaftens der Flußspatkörner am Luftbläschen bei Behandlung der Trübe mit Sauerstoff und Flotation in schwacher Natriumoleatlösung aeroflokularen Charakter besitzt.

Die Untersuchung des Einflusses von Gasen auf die Flotationseigenschaften von Titan- und Zirkoniummineralien, durchgeführt an reinen Mineralien, einem synthetischen Gemisch von Mineralien und schließlich einem kollektiven, durch Schwerkraftaufbereitung erhaltenen Konzentrat, hat ergeben, daß sich Rutil, Ilmenit und Zirkon bei Belüftung der Trübe oder bei vorheriger Behandlung der Trübe mit Sauerstoff erfolgreich flotieren lassen.

Der Einfluß des Luftsauerstoffs oder reinen Sauerstoffs auf die Flotationsaktivität der genannten Mineralien ist etwa gleichartig, die Verwendung gasförmigen Sauerstoffs beschleunigt jedoch die Konditionierung der Trübe und den Flotationsprozeß erheblich. Bei weiteren Untersuchungen (Behandlung einer Titan-Zirkon-Trübe

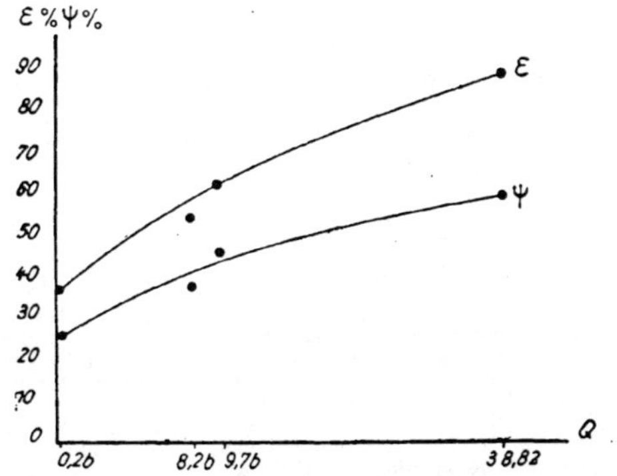

Abb. 6. Einfluß der Sauerstoffkonzentration in der Trübe auf das Ausbringen und die Absorption des Natriumtridecylats durch Flußspat

mit Stickstoff) stellte sich heraus, daß der Stickstoff bei der Flotation die Titanmineralien drückt, während er die Schwimmfreudigkeit des Zirkons nicht merklich beeinflußt.

Die Ergebnisse der Flotationsversuche zeigten folgendes: Die drückende Wirkung des Stickstoffs auf die Titanmineralien ist so groß, daß die darauffolgende Belüftung und sogar eine längere Behandlung mit Sauerstoff nicht in der Lage sind, die Flotationsaktivität der Mineralien wiederherzustellen. Um die Mineraloberfläche des Titans wieder hydrophob zu machen, bedarf es der Einführung eines neuen frischen Anteils des Sammlers, der durch Reaktion mit dem bereits in der Trübe vorhandenen Sauerstoff Rutil und Ilmenit in den Schaum bringt. Der Flotationsvorgang verläuft jedoch träge und gebremst; das prägt sich in der langen Dauer der Flotation und dem relativ geringen Ausbringen von Rutil und Ilmenit im Schaumprodukt aus. Gleichzeitig verläuft die Flotation des Zirkons im Stickstoffmedium bei vorherigem Durchblasen der Trübe mit Stickstoff im gleichen Maße intensiv wie in der mit Sauerstoff angereicherten Trübe.

Es gelang daher, durch Herabsetzung der Sauerstoffkonzentration in der Trübe mit Stickstoff bis zu einem Gehalt von 1,15 —2,77 mg/l herab und Flotation im Stickstoffstrom zu Anfang das Rutil-Zirkon-Gemisch zu trennen, wobei man in der Hauptflotation ein Zirkonkonzentrat mit 65—66% und einem Ausbringen von etwa 80% und ein Rutilprodukt mit 90—91% bei einem Ausbringen von 84% erhielt. Hierbei verbleiben im Zirkonkonzentrat 1—3% Titanmineral, im Rutilprodukt 3—6% Zirkon.

Bei der selektiven Flotation der Ilmenit-Zirkon-Trübe erzielte man unter analogen Bedingungen 65% Zirkonkonzentrat mit 1,75% Ilmenit und 58% Ilmenitprodukt mit 6% Zirkon.

Durch selektive Flotation der sauerstofffreien Titan-Zirkon-Trübe des durch Schwerkraftaufbereitung gewonnenen Konzentrats von Sanden einer sowjetischen Lagerstätte wurde die Abtrennung der Titanmineralien von Zirkon erreicht (Tab. 3): Es wurde ein Zirkonkonzentrat mit einem Gehalt von 67% ZrO_2 und einem Ausbringen bis zu 80% erreicht; die Titanverluste im Konzentrat betrugen etwa 2%.

Daher ergaben die Veränderungen des Flotationsverhaltens einiger sulfidischer Mineralien in Abhängigkeit von den strukturellen Besonderkeiten und dem Gasmedium die Möglichkeit, eine Methode zur selektiven Trennung dieser Mineralien durch Flotation bei einer gesteuerten Konzentration der Gase in der Flotationstrübe auszuarbeiten.

Zusammenfassung

Bei der Verwendung von Gasen (Sauerstoff, Stickstoff) in der Flotationstrübe zeigen sich scharf ausgeprägte spezifische Wirkungen auf die Oberfläche von Flußspat, Schwerspat, Titanmineralien und Zirkon, die durch ihre verschiedene Kristallstruktur bedingt sind. Sehr wesentlich unterscheiden

Tab. 3. Ergebnisse der selektiven Flotation von Zirkon und Titanmineralien im Stickstoffmedium bei vorheriger Behandlung der Trübe mit Stickstoff

Versuchsbedingungen	Produkte	Ausbringen %	Gehalt ZrO_2	Gehalt TiO_2	Ausbringen ZrO_2	Ausbringen TiO_2
O_2 der Trübe vor der Flotation 1,13 mg/l	Konzentrat	44,6	67,0	1,0	56,7	5,2
O_2 der Trübe nach der Flotation 2,34 mg/l	Mittelprodukt	9,8	24,5	5,7	4,2	6,6
Verbrauch an Reagenzien:						
Soda 1,5 kg/t; p_H 8,34; Einwirken: 1 min;						
Flotation: 7 min; Schaumöl 2 kg/t (1 + 1)	Abgänge	45,6	45,0	16,44	39,1	88,2
	Gesamt	100,0	52,7	8,5	100,0	100,0
O_2 der Trübe vor der Flotation 1,03 mg/l	Konzentrat	48,9	67,0	0,4	62,1	2,3
O_2 der Trübe nach der Flotation 2,1 mg/l	Mittelprodukt	1,4	40,9	6,8	0,95	1,1
Verbrauch an Reagenzien:						
Soda 2 kg/t; p_H 8,5; Einwirken: 1 min;						
Flotation 7 min; Schaumöl 2 kg/t (1 + 1)	Abgänge	49,7	39,0	16,6	36,95	96,6
	Gesamt	100,0	52,72	8,54	100,0	100,0
O_2 der Trübe vor der Flotation 1,02 mg/l	Konzentrat	30,8	67,0	0,42	39,2	1,5
O_2 der Trübe nach der Flotation 2,53 mg/l	Mittelprodukt	7,7	56,0	5,3	8,1	4,8
Verbrauch an Reagenzien:						
Soda 2,5 kg/t; p_H 8,81; Einwirken: 2 min;						
Flotation 7 min; Schaumöl 2 kg/t (1 + 1)	Abgänge	61,5	46,2	13,1	52,7	93,7
	Gesamt	100,0	52,86	8,6	100,0	100,0
O_2 der Trübe vor der Flotation 1,01 mg/l	Konzentrat	61,2	67,0	1,3	77,8	9,2
O_2 der Trübe nach der Flotation 3,5 mg/l	Mittelprodukt	13,3	40,2	3,8	10,1	5,8
Verbrauch an Reagenzien:						
Soda 2 kg/t; p_H 8,5; Einwirken: 1 min;						
Flotation 10 min; Schaumöl 2,5 kg/t (1 + 1 + 0,5)	Abgänge	25,5	25,0	26,5	12,1	94,0
	Gesamt	100,0	52,73	8,73	100,0	100,0

sich die Strukturen von Rutil und Ilmenit von derjenigen des Zirkons. Die Veränderungen des Flotationsverhaltens dieser nichtsulfidischen Mineralien in Abhängigkeit von den strukturellen Besonderheiten und dem Gasmedium gibt die Möglichkeit, eine Methode zu ihrer selektiven Trennung bei einer gesteuerten Konzentration der Gase in der Flotationstrübe auszuarbeiten.

Резюме

При применении газов (кислорода, азота) в пульпе наблюдаются резко выраженные специфические воздействия на поверхность флюорита, барита, минералов титана и циркона, обусловленные их разными кристаллическими структурами. Весьма отличаются структуры рутила и ильменита от структуры циркона. Изменения в поведении этих несульфидных минералов при флотации, в зависимости от особенностей структуры и газовой среды, дают возможность разработать метод для их избирательного отделения при управляемой концентрации газа в пульпе.

Summary

Using gases (oxygen and nitrogen) in the flotation turbidity pronounced specific effects on the surface of fluorite, barite, titanium minerals and zircon are to be seen, which are caused by the different crystal structures. The structures of rutile and ilmenite are very different from that of zircon. The changes of the flotation behaviour of these nonsulfidic minerals dependent on the structural particularities and the gasmedium allow the elaboration of a method for their selective separation with controlled concentration of the gases in the flotation turbidity.

Literatur

GAUDIN, A. M. & R. E. COLE: Technical Note: 418, Mining Engineering, April 1953.

BAKAKIN, W. W., I. N. PLAKSIN & JE. M. TSCHAPLYGINA: Die Einwirkung von Sauerstoff und Stickstoff auf die Trennung der Titan- und Zirkoniummineralien durch selektive Flotation und die Rolle ihrer Kristallstruktur. — Nachrichten (Iswestija) der Akademie der Wissenschaften der UdSSR, Nr. 6, 1958 (russ.).

PLAKSIN, I. N. & W. I. TJURNIKOWA: Zur ungleichmäßigen Verteilung des Reagens bei der Flotation von Sulfiden. — Berichte (Doklady) der Akademie der Wissenschaften der UdSSR, Bd. 120, Nr. 1, 1958 (russ.).

PLAKSIN, I. N. & JE. M. TSCHAPLYGINA: Der Einfluß von Gasen auf die Flotation nichtsulfidischer Mineralien. — Nachrichten (Iswestija) der Akademie der Wissenschaften der UdSSR, Abteilung technische Wissenschaften, Nr. 9, 1952 (russ.).

— Zur Frage des Einflusses von Gasen auf die Festigkeit der Natriumoleat-Adsorptionsschicht bei der Flotation einiger sulfidischer Mineralien. — Berichte (Doklady) der Akademie der Wissenschaften der UdSSR, Bd. 91, Nr. 2, 1953 (russ.)

TSCHAPLYGINA, JE. M.: Zur Anwendung der schnellen Filmaufnahme bei Laboruntersuchungen des Flotationsvorganges. — Nachrichten (Iswestija) der Akademie der Wissenschaften der UdSSR, Abteilung technische Wissenschaften, Nr. 7, 1958 (russ.).

Diskussionsbeiträge vom 1. Internationalen Kolloquium über Fragen der Vorratsklassifikation

(Zum 3. Tagesordnungspunkt)

Wie bereits im Heft 7/1959, S. 310, angekündigt, setzen wir die Veröffentlichung von Diskussionsbeiträgen, die während des 1. Internationalen Kolloquiums über Fragen der Vorratsklassifikation vom 27. bis 29. Januar 1959 in Berlin gehalten wurden, fort. Wir bringen zunächst die von Herrn M. F. Blondel, Paris, vorgelegten Thesen zum 3. Tagesordnungspunkt, das einleitende Referat von Herrn J. Lombard, Sécrétaire Général du Bureau d'Etudes Géologiques et Minières Coloniales, Paris, das er an Stelle des verhinderten Herrn Blondel hielt, und den für den Druck überarbeiteten Diskussionsbeitrag des Direktors des Zentralen Geologischen Dienstes, Dipl.-Berging.-Geol. Fr. Stammberger, Berlin.

Как уже было сообщено в журнале № 7, 1959 г., стр. 310, мы продолжаем опубликование дискуссионных докладов, прочтенных на состоявшемся от 27. 1.—29. 1. 1959 г. в Берлине 1. Международном коллоквиуме по вопросам классификации запасов. В первую очередь мы печатаем тезисы, представленные М. Ф. Блонделем, Париж, к 3. пункту повестки дня, вступительный реферат Ю. Ломбарда, Sécrétaire Général du Bureau d'Etudes Géologiques et Minières Coloniales, Paris, прочитанного им вместо Блонделя, который не мог лично присутствовать на коллоквиуме. Кроме того, переработанный к печати дискуссионный доклад директора Центральной геологической службы дипломир. горного инженера-геолога Фр. Штаммбергера, Берлин.

As already announced in number 7/1959, p. 310, we continue the publication of discussion contributions from the „I. International Colloquium about problems of the classification of reserves, 27.—29. January 1959 at Berlin". First we publish the theses proposed by Mr. Blondel, Paris, concerning number 3 of the programme; the introductionary report of Mr. Lombard, sécrétaire général du Bureau d'études géologiques et minières coloniales, Paris, speaking instead of Mr. Blondel, who was unable to take part; the revised discussion contribution of mining engineer Fr. Stammberger, director of the Central Geological Service, Berlin.

Thesen zum 3. Tagesordnungspunkt. Von M. F. Blondel

1. Einige Spezialisten für Rohstoffvorräte haben in den letzten Jahren besonders betont, daß es notwendig ist, einerseits Vorräte einer bestimmten Lagerstätte und andererseits Vorräte eines Bezirkes oder Gebietes, das mehrere Lagerstätten enthält, voneinander zu unterscheiden. Für die letztere Kategorie wird das Wort „Ressourcen" mehr und mehr allgemein gebraucht. Es ist auch von F. Stammberger (Z. f. a. G., April 1958) übernommen worden, um die Gesamtheit aller berechneten und geschätzten Vorräte in einer Lagerstätte zu bezeichnen. Es ist bedauerlich, daß noch keine gleichwertige deutsche Bezeichnung gefunden worden ist.

2. Da dieses Kolloquium nur die berechneten Vorräte behandelt, werde ich mich nicht über den Gesichtspunkt der Wirtschaftler weiter auslassen; dort nehmen die geschätzten Vorräte eine um so größere Rolle ein, je mehr sie sich auf eine weiter entfernte Zukunft beziehen.

Es ist zwar sicher, daß der Grad der Genauigkeit, der Zuverlässigkeit, der Schätzung der Lagerstätten für sich allein genommen dem Planungsspezialisten wichtige Unterlagen gibt, aber das Hauptproblem für eine Lagerstätte bleibt jedoch, so scheint mir, zu wissen, ob und wie man sie ausbeuten kann. Die absolute Menge des Erzes, die man aus ihr herausholen kann, ist neben dieser vorrangigen Frage ein zweitrangiges Problem.

3. Ich habe gezeigt („Erzmetall“ Bd. IX, H. 3), wie man die exakten Beziehungen zwischen der kleinsten Menge, die eine Lagerstätte bauwürdig werden läßt, dem Betrag der notwendigen Investmittel, den Selbstkosten und dem Abbaurhythmus berechnen kann.

4. Diese Beziehungen gelten unabhängig von der Wirtschaftsform des Landes, in dem abgebaut werden soll; denn die inneren Notwendigkeiten der Wirtschaft eines Landes können dazu führen, die Weltmarktpreise und den unmittelbaren Profit des Unternehmens zu vernachlässigen, immer aber muß man abwägen, was der Betrieb der Gesamtwirtschaft kostet, und das, was er ihr bringt.

Die Berechnung zeigt mathematisch die Menge (Grenzmenge), über die hinaus die Schätzung von Vorräten einer Lagerstätte überflüssig wird, wenn man die Aufgaben, die die Aufnahme des Abbaues stellt, berücksichtigt.

Die Beziehungen zwischen nachgewiesenen Vorratsmengen, Investitionsaufwand und ökonomischem Nutzeffekt

JEAN LOMBARD, Paris

Wenn man sich die Probleme der Vorratsklassifikation vergegenwärtigt, die in diesem Internationalen Kolloquium von der einen und von der anderen Seite aus behandelt wurden, so wird man feststellen, daß die Ansichten sehr verschieden sind.

Auf der einen Seite, das hat der bisherige Verlauf des Kolloquiums gezeigt, beschäftigt man sich damit, die Eigenschaften und die Natur der Vorräte zu erkunden, die Natur der Rohstoffe mit größerer Genauigkeit zu erforschen. Auf der anderen Seite beschäftigen sich Kollegen, wie DUVAL und JAHNS, mit der Verbesserung der Bemusterungsmethode. Beide Gesichtspunkte ergänzen sich; sie haben auch Gemeinsames. Beiden Zielen ist das Bestreben gemeinsam, unsere Unkenntnis über die statistische Verteilung durch die Erarbeitung von Kennwerten von Lagerstätten zu überwinden bzw. durch andere Daten zu ersetzen. Ich möchte, da sich die bisherige Diskussion u. a. mit technischen Fragen beschäftigte, zunächst diese Seite berühren, zumal es mir auch mehr zusteht, über technische Dinge als über ökonomische zu sprechen.

Es gibt, so scheint mir, im Rahmen dieses Fragenkomplexes zwei grundsätzliche Punkte, die Beachtung verdienen:

1. Bis zu welchem Punkt ist es erforderlich, die Erkundung von Vorräten bzw. Lagerstätten voranzutreiben?

2. Zu wissen, ob die Antworten, die wir auf die erste Frage erhalten, variieren, und zwar sowohl nach der technischen als auch nach der ökonomischen Seite hin.

Auf die erste Frage wurde die Antwort von BLONDEL im Rahmen eines Vortrages gegeben, den er während der Hauptversammlung der GDMB an der Technischen Hochschule im September 1957 in Berlin gehalten hat und der in der Zeitschrift für „Erzbergbau und Metallhüttenwesen“ Bd. 11, H. 3, S. 115, veröffentlicht worden ist.

In dieser Arbeit hat BLONDEL dargelegt, daß es möglich ist, die Begriffe für die Gesamtzahl vorhandener Vorräte, die notwendigen Investitionen für deren Abbau und die Anzahl der Jahre für den optimalen Abbau, also den ökonomischen Nutzen, untereinander in Beziehung zu setzen. Diese Beziehungen werden durch die folgende Formel ausgedrückt:

$$B = b_0 R - \alpha_1 N - c_0 R\alpha - c_1 N\alpha$$

N = Anzahl der Abbaujahre
B = Gesamtnutzen des Abbaus während der N Jahre
v = Verkaufspreis pro Tonne
a_0 = Kosten je Tonne, die der erzeugten Menge proportional sind
b_0 = $v - a_0$ = Bruttonutzen je Tonne
R = Vorräte der Lagerstätte in Tonnen
a_1 = jährliche fixe Abbaukosten
c_0 = Investitionen je Tonne, die der erzeugten Menge proportional sind
c_1 = Investitionen, die von der erzeugten Menge unabhängig sind
α = Funktion der Tilgungsjahre N und des Zinssatzes r

Aus dieser Formel kann man eine Reihe von Beziehungen ableiten, die unmittelbar von Interesse für die Frage sind, wie man an einen Abbau heranzugehen hat, um einen Nutzwert zu bekommen.

Die Abb. 1 obiger Arbeit BLONDELs gibt Auskunft über den Gesamtnutzen, den man in Abhängigkeit von der Anzahl der Abbaujahre und der Gesamtvorräte der Lagerstätte erzielen kann. Auf der Abszisse ist die Dauer des Abbaus — in Jahren ausgedrückt —, auf der Ordinate der Gesamtnutzen aufgetragen. Nun trägt man hier die Kurven auf, die eine Funktion der Vorräte darstellen. BLONDEL hatte sich die Mühe gemacht und diese Kurven im einzelnen berechnet. Diese spezielle Darstellung zeigt eine untere Kurve mit einer Menge von $R = 10 \cdot 10^6$, die mittlere von $20 \cdot 10^6$ und die obere eine Menge von $50 \cdot 10^6$ Tonnen. Man sieht hieraus zunächst, daß, wenn die Gesamtvorräte unter einem gewissen Minimum liegen, von einem wirtschaftlichen Nutzen keine Rede sein kann, da er erst oberhalb einer gewissen Grenze, unter der diese Kurve liegt, erzielt werden kann. Die Darstellung zeigt aber noch etwas anderes, nämlich, daß sich von einer bestimmten Dauer an nach einer bestimmten Anzahl von Jahren des Abbaues der Nutzen vermindert. Der Nutzeffekt erreicht bei einer Anzahl von Jahren in Abhängigkeit von den Gesamtvorräten einen optimalen Wert. Es ergibt sich somit aus den einzelnen Kurven ein Optimum des Abbauzeitraumes.

Abb. 4 des Beitrages von BLONDEL zeigt die Beziehungen zwischen optimaler Abbaudauer und den vorhandenen Vorräten, wenn, wie im Bild dargestellt, auf der Ordinate die Anzahl der Jahre der Nutzung und auf der Abszisse die Vorräte aufgetragen werden.

Aus der Kurve der optimalen Abbaudauer kann man herauslesen, welchem Minimum an Reserven ein Nutzen von 0 entspräche. Man kann z. B. für eine Menge von 20 Mio t entnehmen, daß die optimale Abbaudauer der Differenz $N_1 - N_2$ entspricht. Weiterhin kann man an Hand dieser Kurve feststellen, daß der Zeitraum des optimalen Abbaues um so weniger variiert, je mehr Gesamtvorräte vorhanden sind. Diese Beziehungen zeigen, daß man in der Lage ist, die besten Konditionen für eine Lagerstätte zu berechnen, und daß man sehr wohl mit dem Abbau beginnen kann, ohne bereits die Gesamtmenge der Vorräte zu kennen. Diese Beziehungen wurden auf der Grundlage des Symbols B, welches den ökonomischen Nutzen bzw. Profit zum Ausdruck bringen soll, aufgestellt.

Man könnte die Frage stellen, ob man anstatt der Bezeichnung des Nutzens bzw. des Gewinns aus dem Abbau einer Lagerstätte dazu übergehen sollte, einen Begriff bzw. eine Bezeichnung für den ökonomischen Gewinn einzuführen, der sich für die Gesamtheit einer Wirtschaft aus dem Abbau ergibt. Die Antwort auf diese Frage, so scheint mir, ist bereits im Verlaufe dieses Kolloquiums gegeben worden, nachdem z. B. MALYSCHEW auf die Fehlinvestitionen bzw. zu früh erfolgten Investitionen hinwies und nachdem unser polnischer Kollege auch von vertretbaren Aufwendungen sprach.

Es scheint mir danach, daß die Wirtschaftsform, daß die Frage des jeweils herrschenden Wirtschaftssystems keine Rolle spielt, und daß es sich kein Land leisten kann, die Frage, welcher ökonomische Nutzen sich aus dem Abbau einer Lagerstätte ergibt, einfach zu übergehen.

Es steht meines Erachtens fest, daß man überall daran interessiert ist, die besonderen Bedingungen für den Abbau von Vorräten zu schaffen. Die von mir hier angezeichnete Formel bietet zumindest die Möglichkeit, sich diesen besonderen Bedingungen zu nähern.

Um zum Abbau einer Lagerstätte überzugehen, ist es meines Erachtens ausreichend, daß man die Existenz eines Minimums von Vorräten nachgewiesen hat, wobei jedoch diese Feststellung keinerlei Toleranzen verträgt. Um also verfrühte erhebliche Investitionen zu vermeiden, ist es erforderlich, eine Mindestmenge zu bestimmen, um den Abbau aufnehmen zu können. Daß man auch dabei nicht allzuweite Grenzen gestattet, ist verständlich. Wenn man den Abbau aufgenommen hat, kann man laufend weitere Vorräte erforschen und diese in den Abbau einbeziehen. Man sollte dabei jedoch bestimmte Zeiträume, d. h. einen normalen Rhythmus, einhalten.

Die Frage nach sicheren, möglichen und wahrscheinlichen Vorräten einer Lagerstätte ist sicherlich in den jeweiligen Ländern und für verschiedene Wirtschaftssysteme unterschiedlich. In Ländern mit sozialistischem Wirtschaftssystem ist man gewohnt, auf lange Sicht zu planen, so daß sich hieraus auch eine entsprechend langfristige Vorratserkundung ergibt, die so weit geht, daß man auch die prognostischen Ressourcen (Vorräte) mit einbezieht.

Aber es wäre ein Irrtum, zu glauben, daß dieser Gesichtspunkt gegenwärtig nur ein besonderes Merkmal der sozialistischen Planwirtschaft sei. Man kann beobachten, daß z. B. alle Wirtschaftssysteme, auch die sog. kapitalistischen, sich bemühen, auf lange Sicht zu planen. Der Beweis ist beispielsweise durch die Tatsache gegeben, daß die Erkundung von Mineralvorräten durch die Rohstoffachleute forciert wird, die sich Gedanken über die Deckung des Bedarfes auf lange Sicht machen.

Das verbleibende Problem ist also die Frage nach der Aussagesicherheit, mit der man in Zukunft erkundet. Diese Frage ist mehr eine Funktion der Substanz und der Natur des jeweiligen Unternehmens, welches die Nutzung der Vorräte beabsichtigt, und ist weniger eine Frage der allgemeinen Wirtschaftsform des betreffenden Landes.

Es erhebt sich schließlich die Frage, ob es nicht angebracht ist, sich bei diesen Sorgen um eine bessere Präzisierung der Vorratsklassifikation Grenzen zu setzen, wobei man ins Auge fassen sollte, daß die entsprechenden Forschungsarbeiten, die zu diesem Zwecke unternommen werden, auch entsprechende Kosten verursachen.

Es gibt für die Zukunft so viel Unsicherheit technisch-ökonomischer Art, daß man nicht unnötigerweise nach weiteren Unsicherheiten in der Vorratsbezeichnung suchen sollte.

Ein wesentlicher Faktor im Zusammenhang mit der Vorratsbezeichnung ist die Frage nach einer Grenztonnage, nach einem Minimalgehalt, der vorhanden sein muß, um eine bestimmte Bezeichnung führen zu können. Es ist jedoch sehr wohl möglich, daß von einem zum anderen Jahr derartige technologische und metallurgische Fortschritte gemacht werden, daß man die Anforderungen hinsichtlich des Minimalgehaltes herabsetzen kann und sich damit eine entsprechende Änderung in der Bezeichnung ergeben würde. Bei dem schnellen Rhythmus, bei der Schnelligkeit, mit der sich unsere Technik entwickelt, können wir doch heute nicht mit Sicherheit sagen, welche Rolle z. B. in 10 Jahren Lithium spielt, ob man nicht in der Lage ist, Uran durch Lithium zu ersetzen, ob es nicht weiterhin möglich ist, Uran durch Kupfer oder durch Aluminium zu ersetzen, usw.

Hier haben wir also so viele Unsicherheiten, daß es meines Erachtens nicht erforderlich ist, noch zusätzliche große Aufwendungen zu machen, um die Unsicherheiten in der Klassifikation und der Bezeichnung der Vorräte zu beseitigen.

Es ist offensichtlich, daß die Sorgen um eine bessere Präzision sich auch in der Erforschungstätigkeit ausdrücken, daß diese Sorgen nicht grundlos sind. Ich glaube, man kann hinsichtlich der Aussagesicherheit nur dann einen Fortschritt erzielen, wenn man sich bemüht, mehr Kenntnisse über die statistische Verteilung unserer Vorräte zu erlangen. Ich meine, daß unsere Bemühungen gerade in dieser Richtung forciert werden sollten, da uns nur diese zum Ziel führen, nämlich einer maximalen Sicherheit mit einem Minimum an Aufwendungen.

Zusammenfassung

Herr LOMBARD untersuchte in seinem Beitrag die Beziehungen zwischen nachgewiesenen Vorratsmengen, Investitionsaufwand und ökonomischem Nutzeffekt. Er behandelte zwei grundsätzliche Fragen: a) Wie weit muß die Erkundung von Vorräten vorangetrieben werden? und b) Wie hoch muß die Aussagesicherheit sein, mit der in Zukunft erkundet werden soll?

Im ersten Teil setzte sich Herr LOMBARD mit der Arbeit (BLONDEL 1957) auseinander und kam zu der Feststellung, daß, ohne Rücksicht auf das Wirtschaftssystem, jedes Land die Frage nach dem ökonomischen Nutzen, der sich aus dem Abbau einer Lagerstätte ergibt, stellen muß. Er hob hervor, daß zum Abbau einer Lagerstätte ein Minimum an nachgewiesenen Vorräten ausreichend ist, diese Vorräte jedoch nicht mit Toleranzen behaftet sein dürfen. Zur zweiten Frage wies er auf die Unsicherheiten technisch-ökonomischer Art hin, die sich in Zukunft bei der Vorratsermittlung auf lange Sicht ergeben können, und unterstrich die Bedeutung der statistischen Untersuchungen auf dem Vorratssektor.

Резюме

В своей статье Ломбард сообщает об исследовании связи между доказанными количествами запасов, капиталовложением и экономической эффективностью. Он рассмотрел два вопроса: а) насколько надо ускорить разведку запасов и б) степень достоверности, которая в будущем должна быть основой для разведки.

В первой части Ломбард рассмотрел работу Блонделя и пришел к заключению, что каждая страна, не взирая на свою экономическую систему, должна поднимать вопрос об экономической эффективности, которая получается при разработке месторождения. Он указал на то, что для разработки месторождения достаточно минимальное количество доказанных запасов, но что эти запасы не должны иметь допусков. По второму вопросу он указал на ненадежности экономически-технического рода, которые в будущем могут возникать при установлении запасов на длительный период времени, и подчеркнул значение статистических исследований для сектора запасов.

Summary

Relations existing between reserves established, capital investment, and economic efficiency are investigated by Mr. LOMBARD in his article. Two fundamental problems are dealt with: a) how far reconnaissance of reserves must be intensified? and b) of what degree the security of assertion must be for future reconnaissances?

In the first part of the article LOMBARD discussed the paper written by BLONDEL and ascertained that, without reference to the economic system, the question of the economic benefit must be raised in every country. He emphasized that a minimum of reserves established is sufficient for the working of a deposit, these reserves, however, should not be charged with tolerances. With regard to the second question, the technical and economic uncertainties are mentioned which may result from the long-term determinations of reserves, and the importance of statistical research in reserve reconnaissances is emphasized.

Lagerstättenvorräte, Investitionsaufwand und ökonomischer Nutzeffekt

FRIEDRICH STAMMBERGER, Berlin

Wir DDR-Geologen haben die mit dem heutigen Thema in Zusammenhang stehenden Fragen bisher noch ungenügend bearbeitet.

Gestatten Sie mir daher, daß ich mich im wesentlichen auf Bemerkungen beschränke, die sich auf den interessanten Aufsatz von Herrn BLONDEL beziehen, der 1958 in der „Zeitschrift für Erzbergbau und Metallhüttenwesen" veröffentlicht wurde.

Herr BLONDEL unterstreicht nicht mit Unrecht, daß die Hauptfrage bei der Beurteilung einer Lagerstätte die ist, ob auf ihrer Basis ein Betrieb errichtet werden kann. In den weiteren Darlegungen bezieht sich Herr BLONDEL augenscheinlich auf Verhältnisse, wie sie in den großen Lagerstätten von Weltbedeutung angetroffen werden.

Es steht außer Zweifel, daß eine Lagerstätte offensichtlich eine gewisse Sonderstellung einnimmt, wenn es sich um eine sehr reiche oder sehr große handelt. Es treten dann alle jene Fragen zurück, die in unseren bisherigen Diskussionen eine bevorzugte Rolle gespielt haben. Selbst die Ungenauigkeit der Ermittlung der Vorratsmenge, selbst der Gehalte, sogar gewisse bergtechnische Fragen haben dann eine relativ geringe Bedeutung.

Wir deutschen Geologen haben es leider in unserer Heimat vorläufig mit kleinen und verhältnismäßig armen Lagerstätten zu tun, die oft ihrem Gehalt, ihrer Menge und auch ihren bergtechnischen Verhältnissen nach hart an der Grenze der Bauwürdigkeit liegen. Da ist es verständlich, daß wir den Fragen der Bauwürdigkeit, der Toleranzen, der Vorratserkundung und der Definition der Vorratsklassen eine so große Bedeutung beimessen.

Das zur Diskussion stehende Thema ist nicht nur wichtig, sondern auch sehr kompliziert. Da wir in der DDR erst am Beginn des Studiums dieser Frage stehen, kann ich leider noch nicht unseren gemeinsamen Standpunkt formulieren.

Ich kann heute nur Vorschläge anderer prüfen, evtl. Einwände erheben, „kritisieren". Fassen Sie das bitte nicht als „Krittelei" auf. Das ist nicht nur für mich eine wichtige, wenn nicht die wichtigste Vorarbeit, die überhaupt zu leisten ist: nämlich die Klärung der Ausgangspositionen.

Die Arbeit BLONDELs stellt meiner Meinung nach eine bemerkenswerte Weiterentwicklung jener Gedankengänge dar, die seit H. D. HOSKOLD in der amerikanischen Literatur nur eine geringe Entwicklung erfahren haben.

Man könnte die wichtigsten Ergebnisse BLONDELs folgendermaßen formulieren:

1. Es existiert ein „optimaler Abbaurhythmus" für jede Lagerstätte, d. h. eine optimale Jahresproduktion und somit bei gegebenen Vorräten eine optimale Abbaudauer. Aus dieser nicht neuen Feststellung ergeben sich nach entsprechenden Untersuchungen wichtige Rückschlüsse auf das durchzuführende Erkundungsvolumen bzw. die notwendige Menge der zu erkundenden Vorräte. Über dieses Minimum hinaus ist der Vorratszuwachs oder die „absolut" vorhandene (jedoch noch nicht erkundete) Vorratsmenge von untergeordneter Bedeutung.

2. Überraschend ist die Feststellung, daß die Abbaudauer geringer sein muß als ein zu errechnender Zeitabschnitt „N_0", wenn der Betrieb rentabel arbeiten soll. Diese Grenze ist — nach BLONDEL — außer von der Mindestmenge der Vorräte nur abhängig von dem Bruttonutzen pro Tonne und der Höhe der jährlichen fixen Abbaukosten. Dabei spielen wiederum die Gesamtvorräte keine Rolle.

3. Die günstigste Abbaudauer wird nur beeinflußt durch die Minimalvorräte, die jährlichen fixen Abbaukosten und den nichtproportionalen Investanteil, der auf eine Tonne Förderung entfällt.

Wenn diese Ergebnisse einer Prüfung standhielten, könnten wir — das ist meine tiefe Überzeugung — Herrn BLONDEL zu seiner Untersuchung gratulieren, da z. B. alle Überlegungen über bestimmte Abbauformen eine — ökonomisch gesehen — völlig untergeordnete Rolle spielen würden.

Dies widerspricht so völlig unseren bisherigen Vorstellungen, daß es sicher verständlich ist, wenn jeder von uns die von Herrn BLONDEL vorgelegte Arbeit äußerst kritisch studiert.

Denn hinzu kommt, wenn diese Formeln richtig sind, daß die gewonnenen Ergebnisse allgemeine Gültigkeit besitzen, nicht beeinflußt werden von der sozialen Ordnung eines Landes.

Es erscheint mir zweckmäßig, die Arbeit von Herrn BLONDEL zunächst vom Standpunkt jener Verhältnisse einer kritischen Betrachtung zu unterziehen, aus denen sie abgeleitet ist, d. h. für kapitalistische Produktionsverhältnisse.

Gegen seine erste Formel $R = p \cdot N$ ist selbstverständlich nichts einzuwenden, denn die Vorräte (R) sind selbstverständlich gleich der Jahresproduktion (p) multipliziert mit der Zahl der vorgesehenen Abbaujahre (N), wenn von den Verlusten abgesehen wird.

Die von BLONDEL entwickelte Kostenstruktur ist für uns, die wir mit den marxistischen ökonomischen Kategorien zu arbeiten gewöhnt sind, etwas ungewohnt. Sie trägt meines Erachtens nicht zur Verständlichkeit bei, ruft in einigen Punkten unsere Einsprüche hervor.

Ohne im einzelnen auf die BLONDELsche Kostenstruktur einzugehen, möchte ich bemerken, daß ich z. B. nicht verstehe, warum unter e) eine normale Vergütung für das investierte Kapital aufgezählt wird (gemeint ist doch sicher der Durchschnittsprofit oder eine Summe, die dem Durchschnittszins entspricht) und im nächsten Punkt bei der Tilgung des Kapitals in den fälligen Raten nochmals der Zinseszins berücksichtigt wird (oder ist er hier als Abzug von der arithmethisch errechneten Rate zu beachten?).

Herr BLONDEL berücksichtigt — wie gesagt — in seiner Rechnung den Zinseszins für die Berechnung seiner jährlichen Tilgungsrate der Investitionen. Das scheint selbstverständlich zu sein. Ich bezweifle das.

Vielleicht ruft mein Einwand Verwunderung hervor. Ich möchte deshalb auf eine solche Kapazität für Fragen der Ökonomie wie KARL MARX verweisen und betonen, daß die Wirtschaft der DDR und anderer sozialistischer Länder nicht mit diesem Faktor rechnet und dennoch funktioniert. Wenn Sie gestatten, rechne ich Ihnen unsere Methode an einem Beispiel vor.[1])

In der DDR wird der zu amortisierende Wert bestimmt

a) durch den Anschaffungswert,

b) durch die Ausgabe für die Generalreparaturen im Laufe der Betriebszeit,

c) durch die Abbruchkosten bei Liquidierung des Betriebes, vermindert um den Schrottwert der Ausrüstung.

Ausgangsdaten des Beispiels:

Anschaffungswert	10.000,–
Generalreparaturen	
am Ende des 9. Jahres	4.000,–
am Ende des 14. Jahres	5.000,–
Abbruchkosten	400,–
Schrottwert	1.400,–
Betriebszeit: 20 Jahre	

Die Amortisationsrate wird aus Bequemlichkeit gewöhnlich auf den Anschaffungswert bezogen.

Der Amortisationsprozentsatz (A) errechnet sich dann als Quotient aus den Gesamtausgaben, vermindert um die Einnahme aus dem Schrottwert zum Anschaffungswert, multipliziert mit dem Quotienten aus 100 zur Betriebszeit. Für die Daten des angeführten Beipiels ergibt sich:

$$A = \frac{(10000 + 9000 + 400 - 1400)\,100}{10000 \cdot 20} = 9\%$$

(bezogen auf den Anschaffungswert).

Hieraus leitet sich für das gewählte Beispiel folgende wertmäßige Entwicklung (bei linearer Entwicklung des Verschleißes) ab:

Jahresende	Akkumuliert durch Amortisation	für Generalreparaturen	Buchrest
1. Jahr	900,–	–	9.100,–
2. Jahr	1.800,–	–	8.200,–
8. Jahr	7.200,–	–	2.800,–
9. Jahr	8.100,–		1.900,–
	– 4.000,–	4.000,–	+ 4.000,–
	4.100,–		5.900,–
13. Jahr	7.700,–	–	2.300,–
14. Jahr	8.600,–		1.400,–
	– 5.000,–	5.000,–	5.000,–
	3.600,–		6.400,–
19. Jahr	8.100,–	–	1.900,–
20. Jahr	9.000,–	–	1.000,–
Abbruch	– 400,–		+ 400,–
	8.600,–		1.400,–
Schrottwert	1.400,–		–
	10.000,–		

Am Ende der 20 Jahre haben wir somit den Ausgangswert wieder vorliegen. Wenn Sie jetzt fragen würden: und woher erhält der Kapitalist seinen erwarteten „Nutzen", den Durchschnittsprofit, würde ich antworten: aus dem Gewinn in Form der Dividenden, d. h. er wird aus dem „jährlichen Nutzen" (b bei BLONDEL) bestritten. Der Zinseszins wird bei uns nicht berücksichtigt.

Wenn Herr Dr. JAHNS jetzt fragt, ob die jährlich akkumulierten Gelder nicht verzinst werden, also zunehmen müssen, und damit auf einen vermeintlichen Fehler unserer Rechnung hinzuweisen glaubt, muß ich ihn enttäuschen:

1. In der Wirtschaft entstehen Werte nicht von allein, sie müssen in der Produktion geschaffen werden. Diese Seite des Produktionsprozesses wurde von mir nicht behandelt. Ich habe lediglich die anteilmäßige Wertübertragung einer Maschine im Produktionsprozeß dargestellt.

2. Wenn Herr Dr. JAHNS jedoch für die Akkumulationen einen Zinszuwachs berechnen will, muß er selbstverständlich auch für die „zu Buch stehende" Summe Zinsen zahlen. Was er auf der linken Seite im Laufe der 20 Jahre gewinnen würde, müßte er auf der rechten Seite zusätzlich amortisieren. Das Ergebnis würde sich nicht ändern, die Rechnung würde lediglich komplizierter.

Ich habe absichtlich dieses Beispiel eingehender beschrieben, weil sich aus ihm unsere unterschiedliche Art und Weise erkennen läßt, mit der wir an diese Frage herangehen.

BLONDEL geht ferner davon aus, daß sich die Ausgangsinvestitionen in zwei Gruppen gliedern lassen: einen von der Jahresproduktion unabhängigen Teil und einen ihr proportionalen Teil.

Gestatten Sie die Frage: Ist diese anscheinend so einfache Trennung in der Wirklichkeit tatsächlich exakt möglich?

[1]) Aus H. ARNOLD, H. BORCHERT, J. SCHMIDT: Ökonomik der sozialistischen Industrie in der Deutschen Demokratischen Republik, Verlag Die Wirtschaft, Berlin 1957.

Wir in der DDR unterscheiden z. B. proportionale, nichtproportionale, unterproportionale und überproportionale Anteile. Die Anlage ist außerdem bei ihrer Errichtung doch stets auf eine bestimmte Förderung ausgerichtet, die zwar bedeutend schwanken kann, jedoch größenordnungsmäßig feststeht. Sind die Überlegungen BLONDELs gemacht worden unter der Voraussetzung, daß eine bestimmte Anlage unter ihrer Kapazität fördert, durch Absatzkrisen beschränkt wird usw. oder für eine vorgesehene Produktion zu große Investitionen vorgenommen worden sind?

Die von mir bisher gemachten Einwände bezogen sich auf kapitalistische Produktionsverhältnisse. Bei ihrer Berücksichtigung kann vermutlich der Grundformel BLONDELs zugestimmt werden:

$$B = b_0 R - a_1 N - c_0 R - c_1 N$$

Ich möchte noch einmal darauf hinweisen, daß die auf diese Formel aufgebauten graphischen Darstellungen und die Schlußfolgerungen von uns bisher nicht eingehend analysiert wurden. Jedoch ist der mathematische Apparat offensichtlich einwandfrei.

Eine der für die Praxis frappierendsten Ableitungen aus der BLONDELschen Darlegung ist die Berechnung jener Anzahl Abbaujahre, die als obere Grenze unterboten werden muß, wenn der Abbau rentabel sein soll. (Bei dieser Gelegenheit möchte ich erwähnen, daß auf Seite 123 in „Erzmetall" der letzte Satz in der deutschen Übersetzung unrichtig wiedergegeben ist: Der Abbau muß nicht „wenigstens 40 Jahre" dauern, sondern er muß „weniger als 40 Jahre" dauern, um rentabel zu sein.)

Diese einfache Formel für den Grenzwert der Abbaudauer lautet: N_0 = Bruttonutzen pro Tonne, geteilt durch die fixen Abbaukosten pro Jahr, multipliziert mit den Vorräten.

Bei der Berechnung der optimalen Abbaudauer kommt Herr BLONDEL zu einer weiteren äußerst interessanten Feststellung, und zwar, daß die Vorratsmenge mit der optimalen Abbaudauer verknüpft werden kann, wenn die beiden Quotienten a_1/c_0 und c_1/a_0 bekannt sind, d. h. die jährlichen fixen Abbaukosten, die der erzeugten Menge proportionalen Investitionen und die fixen Investitionen. Der Verkaufspreis und die Abbaukosten, die der erzeugten Menge proportional sind, spielen in dieser Gleichung keine Rolle. Die beiden Größen λ und μ, die als Faktoren außerdem in die Gleichung eingehen, sind unabhängig von den Besonderheiten des Abbaues und können daher unabhängig von diesen im voraus berechnet werden. Das ist frappierend!

Dieser Teil der Arbeit Herrn BLONDELs bedarf nach meiner Meinung einer besonders sorgfältigen Prüfung, weil er im Widerspruch zur bisher gültigen Theorie steht, die ihrerseits seit Jahrzehnten durch die Praxis kontrolliert wird. Das gilt für kapitalistische Produktionsverhältnisse.

Von uns ist ferner vor allem zu überprüfen, ob diese Schlußfolgerungen tatsächlich auch für uns in der DDR Geltung haben, ob sie die bei uns bisher übliche Lösung, die Methode der Varianten, ersetzen können, welche bekanntlich sowohl die Höhe der Metallproduktion, die rationelle Nutzung der Vorräte als auch vertretbare Investitionen und günstige Selbstkosten berücksichtigt.

Wir stimmen in der DDR manchmal einer etwas teureren Produktion zu, wenn wir dadurch eine größere oder bessere Nutzung der Lagerstätten erreichen können. Für uns ist nicht nur der Gewinn wichtig, sondern auch das Metall. Wir haben deswegen aus der Sowjetunion die sogenannte Methode der Varianten übernommen.

Herr BLONDEL hat bei seinen Untersuchungen eine Reihe Faktoren als konstant betrachtet, was zweifellos zur Vereinfachung der Darlegung zulässig ist.

Wir stoßen jedoch in der Praxis sehr häufig auf Verhältnisse, bei denen die Veränderung eines Faktors sofort auch andere grundlegende Veränderungen hervorruft.

Das beginnt mit den Vorräten, deren Summe sich mit dem industriellen Minimalgehalt und damit den geologischen Schwellengehalten oft bedeutend verändert.

Es ist theoretisch sicher zulässig, die Lagerstättenvorräte als konstant zu betrachten und von diesen auszugehen. In der Praxis entscheidet über die Verarbeitbarkeit eines Erzes jedoch die Technik. Deshalb wird oft von einer feststehenden bzw. veranschlagten Lebensdauer der Anlagen ausgegangen. Hieraus folgt in der Rechnung ein konstantes N. Die Rentabilität wird dann unter dem Gesichtspunkt berechnet, wie sich die Verarbeitung verschiedener Mengen mit verschiedenem Metallinhalt auswirkt.

In diesem Aspekt überschneiden sich die einzelnen Faktoren:

Bei geringen Gehalten haben wir zwar eine größere Erzmenge, sogar einen größeren Metallinhalt, jedoch ein meist ungünstigeres Ausbringen, höhere Betriebskosten, evtl. größere Investitionen usw. Mit der Methode der Varianten, d. h. geologisch-ökonomischen Varianten der möglichen Betriebsführung, suchen wir eine optimale Lösung bei Beachtung der Höhe der Metallproduktion, der rationellen Nutzung der Lagerstätte, d. h. Einbeziehung relativ niedrighaltiger Erze, vertretbaren, d. h. günstigen Investaufwänden und günstigen Selbstkosten.

Nehmen wir ein sowjetisches Beispiel: Der Betrieb arbeitet rentabel, wenn eine Tonne Metall bis 25000 Rubel kostet. Die Geologen haben die Lagerstätte erkundet und einen Durchschnittsgehalt von 0,7% auf der Grundlage von Analogien bei ihrer Vorratsberechnung festgelegt. Zur Überprüfung der ökonomischen Richtigkeit dieser Ziffer wurden fünf Varianten ausgearbeitet, mit den Gehalten 0,7, 0,8, 0,9, 1,0 und 1,2. Wenn man den Durchschnitt senkt, kann man ärmere Partien mit hereinnehmen, d. h. man kann heruntergehen bis auf einen — wir nennen das — geologischen Schwellengehalt von 0,07 %. Dann wird festgestellt, wie groß sind die Vorräte, wieviel Metall enthalten sie, wieviel Metall enthält die jährliche Förderung bei verschiedenen Fördermengen, wie groß wird bei dem entsprechenden, jeweils veränderten Gehalt das Ausbringen an Metall sein usw. Es wird ferner ausgerechnet, wieviel Tonnen Metall bei diesen verschiedenen Varianten produziert werden kann, was kostet unter diesen Verhältnissen eine Tonne? Was kostet das insgesamt für das ganze Jahr? Wie sind die Investitionen? Wie groß sind die Investitionen pro produzierte Tonne Metall? Und dann werden die einzelnen Varianten miteinander verglichen. In dem erwähnten Beispiel ergab sich, daß die dritte Variante die allergünstigste war, und zwar aus folgenden Gründen:

Der Durchschnittsgehalt war 0,9% — Durchschnittsgehalt, d. h. der industrielle Minimalgehalt. Der geologische Schwellengehalt lag dann bei 0,2%. Die Metallvorräte, die unter solchen Umständen in die Lagerstättenumgrenzung eingehen, lagen bei der dritten Variante nur um ein Geringes unter der besten Variante, bei der man mit ganz armem Erz hätte fahren müssen. Die Metallmenge, die jährlich gefördert wurde, war ebenfalls nur unbedeutend weniger. Die Metallproduktion war sogar etwas höher, weil das Ausbringen bei diesem höheren Durchschnittsgehalt günstiger war. Die Produktionskosten für diese dritte Variante lagen allerdings höher als bei der ersten, sie lagen günstiger als bei der letzten, und die Gesamtkosten lagen ungefähr in der Mitte. Das heißt also, es war nicht die günstigste und nicht die schlechteste, es war die optimale Variante.

Die Investitionen lagen relativ hoch, aber sie waren auch nicht am höchsten, lagen jedoch bedeutend höher als bei der niedrigsten Variante, die darauf ausgerichtet war, nur die reichen Partien zu verarbeiten. Auf Grund dieser Gegenüberstellung wurde festgelegt: Die Lagerstätte wird nach der dritten Variante abgebaut.

Die Methode der Varianten berücksichtigt somit

1. die Menge des geförderten Erzes, weil ja das Metall gebraucht wird,
2. die Selbstkosten.

Die Selbstkosten lagen durchaus günstig, aber sie lagen ungünstiger als in dem Falle, bei dem die Produktion nur auf reiche Erze ausgerichtet war. Eine Forderung, die wir Geologen immer wieder erheben, wurde realisiert: Der vorhandene Erzvorrat, der von der Natur gegebene Reichtum, wurde rationell abgebaut.

Das ist ein Beispiel dafür, wie wir arbeiten. Diese Vielseitigkeit der Gesichtspunkte und ihre Gegenüberstellung ist zwar nicht so einfach wie eine mathematische Formel, aber nach unserer Meinung besser und vielseitiger.

Zum Schluß noch eine Bemerkung zum Begriff des ökonomischen Nutzeffektes.

Im Kapitalismus heißt das betrieblicher Gewinn, Profit. Bei uns entscheidet nicht größerer Gewinn (daraus ergäben sich Investitionen vor allem in diesen Zweigen), sondern eine Reihe Faktoren, darunter überbetriebliche, volkswirtschaftliche. Besonders wichtig sind für uns die Selbstkosten der Produktion, die Arbeitsproduktivität, die Höhe der Metallproduktion. Allgemein gesagt: Es entscheiden eine ganze Reihe ökonomischer, politischer und technischer Faktoren über den Nutzeffekt einer Investition. Deshalb ist anzunehmen, daß die Formeln BLONDELs nicht ohne weiteres von uns übernommen werden können.

Ich möchte unsere Form der Varianten vorziehen. Selbstverständlich werden wir nach wie vor die BLONDELschen Gedanken eingehend weiter analysieren und prüfen, uns weiter beschäftigen mit den Fragen der Bauwürdigkeit und ihrer Bestimmung. Wir sind jetzt dabei, zu untersuchen, inwieweit statistische Verfahren uns zusätzliche Hilfe geben. Wir sind in dieser Hinsicht sehr optimistisch. Wir arbeiten an der Überprüfung, ob uns die Wahrscheinlichkeitstheorie weiterhelfen kann. Und so arbeiten wir an einer ganzen Reihe anderer Probleme, darunter auch solchen, die in dem heutigen Thema zusammengefaßt sind, die Beziehungen zwischen Erkundung, Investitionen und ökonomischem Nutzeffekt für unsere Wirtschaft. Das Schlimme ist nur, daß die Geologen, die sich damit beschäftigen, im allgemeinen ökonomisch zu schwach geschult sind, daß andererseits die Ökonomen, die sich diesen Fragen zuwenden, von der Geologie keine Ahnung haben. Das erschwert einen echten und schnellen Fortschritt. Ich habe den Eindruck, daß wir Geologen uns einfach einige ökonomische Grundkenntnisse aneignen müssen und die Dinge selbst in die Hand nehmen müssen. Daß Arbeit in dieser Richtung notwendig ist, daran besteht kein Zweifel. Insofern halte ich die Arbeit von Herrn BLONDEL für sehr positiv. Es ist eine Leistung, die deshalb vor allem anzuerkennen ist, weil sie zeitgemäß ist. Sie liegt jetzt auf dem Tisch und muß von uns abgewogen werden, selbst wenn wir sie für unsere Wirtschaftsverhältnisse nicht ohne weiteres akzeptieren können. Wir freuen uns über diese wissenschaftliche Leistung, und ich möchte Sie, Herr LOMBARD, bitten, das Herrn BLONDEL zu übermitteln.

Zusammenfassung

Verfasser nimmt Stellung zu der in den Thesen von BLONDEL enthaltenen Formel der Errechnung des Nutzens aus einer Lagerstätte während der Dauer ihres Abbaues, untersucht deren Gültigkeit für kapitalistische und sozialistische Verhältnisse, insbesondere für die Verhältnisse der DDR. Dabei wird die Formel BLONDELs für den Nutzen, den eine Lagerstätte abwirft, der Methode der Varianten gegenübergestellt.

Резюме

Автор обсуждает предложенную в тезисах Блонделя формулу для вычисления пользы месторождения во время его разработки, он рассматривает ее применимость в капиталистических и социалистических условиях, в частности в ГДР. При этом сравнивается формула Блонделя с методом вариантов.

Summary

The author gives his opinion on the formula included in the theses of BLONDEL concerning with the calculation of the efficiency from a deposit during its mining. He examines its validity for capitalistic and socialistic conditions, especially for the conditions of the German Democratic Republic. Thereby the formula of BLONDEL about the efficiency of a deposit is confronted with the variants and illustrated by an example.

Zur Frage der Bauwürdigkeit

ERICH LEWIEN, Berlin

Die in dieser Zeitschrift begonnene Diskussion über die Bauwürdigkeit von Lagerstätten ist seit Anfang 1957 (STAMMBERGER 1957) nicht weitergeführt worden. Der naheliegende Schluß, daß der Fragenkomplex geklärt und damit die weitere Erörterung überflüssig sei, erweist sich als falsch. Bei der Durchführung und Behandlung von Vorratsberechnungen ließ sich wiederholt feststellen, daß die geprägten Begriffe nicht einheitlich ausgelegt werden, geologischer Schwellengehalt und industrieller Mindestgehalt miteinander verwechselt, scheinbare Widersprüche zwischen den an verschiedenen Stellen gegebenen Definitionen angenommen und schließlich solche Vorschläge zur Ergänzung oder Verbesserung von Begriffen gemacht wurden, die entweder schon in den Instruktionen enthalten sind oder die dem Sinn der Klassifikation und der Instruktionen widersprechen, wie der Vorschlag, den geologischen Schwellengehalt so groß zu wählen, daß die Einhaltung des industriellen Minimalgehaltes ohne besondere Steuerung des Abbaues gewährleistet ist.

Sinn und Ziel einer Vorratsklassifikation, eine einheitliche und eindeutige Kennzeichnung der Vorräte hinsichtlich Quantität und Qualität, sind vom einheitlichen und eindeutigen Gebrauch ihrer Begriffsbestimmungen abhängig. Es soll deshalb betrachtet werden, ob und wieweit die in den einschlägigen Bestimmungen der Klassifikation und den Instruktionen enthaltenen Definitionen eindeutig sind und ob Ergänzungen notwendig werden.

Lagerstättengrenzen

Die Grenze einer Lagerstätte ist nur zu einem Teil geologischer Natur (Saalbänder von Gängen, Hangend- und Liegendflächen schichtförmiger Lagerstätten). Innerhalb eines geologischen Körpers werden die Lagerstättengrenzen durch die Grenze der Bauwürdigkeit bestimmt. Die vorgenannten geologischen Grenzflächen können bei allmählicher Abnahme der Erzgehalte zum Nebengestein ihre Bedeutung als Lagerstättengrenzen verlieren und müssen durch die technisch-ökonomische Grenze der Bauwürdigkeit ersetzt werden.

Die in der Einleitung erwähnten Schwierigkeiten und Mißverständnisse haben offenbar ihre Ursache darin, daß der Begriff der Bauwürdigkeit sehr komplexer Natur ist und daß bei seiner Festlegung neben den geologischen Gegebenheiten, Qualität und Quantität des Rohstoffes, technische und ökonomische Fragen mitwirken und daß die vom Geologen hauptsächlich zu beachtenden Größen, Gehalte und Mächtigkeiten in den einzelnen Lagerstättenteilen (Blöcken) keine festvorgegebenen Größen darstellen, sondern von der für die Gesamtlagerstätte geltenden Grenze der Bauwürdigkeit für jeden Lagerstättenteil abgeleitet werden müssen.

Bauwürdige Vorräte sind nach der Klassifikation (§ 4, Punkt 1) Bilanzvorräte, die den industriellen Anforderungen für Abbau und Verarbeitung entsprechen. Die Grundsätze für die Festlegung der Bauwürdigkeitsgrenze unter den Bedingungen der sozialistischen Wirtschaft sind von STAMMBERGER (5) eingehend dargestellt. Unter Berücksichtigung des gesellschaftlichen Wertes (Marktwertes) des lieferbaren Förderproduktes und der planmäßigen Nutzung der Lagerstätten sind von den dazu berufenen Organen des Staates, der Staatlichen Plankommission unter Mitwirkung der Industrie und der Zentralen Vorratskommission, „industrielle Minimalgehalte" für die einzelnen Lagerstätten oder Lagerstättentypen festzulegen, und zwar in der Form von „fortschrittlichen Minimalgehalten".

Industrieller Minimalgehalt

Der industrielle Minimalgehalt ist in den einschlägigen Instruktionen (siehe Literatur) definiert als die untere Grenze für den Durchschnittsgehalt des an die Aufbereitungshütte oder Industrie gelieferten Rohstoffes, unter dem eine wirtschaftliche Verarbeitung des Rohstoffes nicht möglich ist.

Entscheidendes Merkmal ist, daß es sich um einen Durchschnittswert handelt, während die Gehalte in den einzelnen Lagerstättenteilen nach oben und unten abweichen können.

Geologischer Schwellengehalt

Das Maß, bis zu welchen unteren Gehalten eine Einbeziehung niedrighaltiger Partien in die Vorräte zulässig ist, wird durch den „geologischen Schwellengehalt" ausgedrückt. In den Instruktionen wird er in nahezu übereinstimmendem Wortlaut definiert: „Der geologische Schwellengehalt ist eine vom Geologen für jeden Block, Lagerstättenteil oder die ganze Lagerstätte festgelegte Gehaltsgrenze, welche die abbauwürdigen Vorräte (Bilanzvorräte) von den nichtabbauwürdigen (Außerbilanzvorräten) abgrenzt. Der geologische Schwellengehalt kann mit dem industriellen Minimalgehalt zusammenfallen, liegt jedoch meist niedriger. Der Gehaltsunterschied beider ergibt sich aus der Möglichkeit, hochwertige Erzpartien durch minderwertige bis zum industriellen Minimalgehalt zu verschneiden."

Bei STAMMBERGER (1957, S. 48) lautet die Begriffsbestimmung: „Der geologische Schwellen- oder Grenzgehalt ist die unterste Gehaltsgrenze in einer Einzelprobe, die am äußeren Umriß einer Lagerstätte liegt und noch in die Grenzlinie der Bilanzvorräte einbezogen werden darf (zu beachten ist in dieser Definition, daß die betreffende Probe in der Nähe der Grenzlinie liegen muß, da sich andernfalls die Argumentation erübrigt)." Es folgt dann der Hinweis auf das Verhältnis des Schwellengehaltes zum industriellen Minimalgehalt, entsprechend den Ausführungen, wie sie in den Instruktionen gegeben sind.

Zwischen den in den Instruktionen enthaltenen Begriffsbestimmungen und der von STAMMBERGER gegebenen Definition scheint bei oberflächlicher Betrachtung ein Unterschied zu bestehen. In Wirklichkeit wird jedoch, wenn auch mit anderen Worten, das gleiche ausgesagt:

Die von STAMMBERGER gegebene Begriffsbestimmung für den geologischen Schwellen- oder Grenzgehalt beseitigt die geschilderte Möglichkeit eines Mißverständnisses durch seine Kennzeichnung als Wert einer Einzelprobe, die am äußeren Umriß der Lagerstätte liegen muß und die selbst noch in die Grenzlinie der Bilanzvorräte einbezogen werden darf. Daß dieser Schwellengehalt selbst nicht die Gehaltsgrenze darstellt, über der die Vorräte zu den Bilanzvorräten rechnen, wird in der gleichen Begriffsbestimmung durch den Hinweis klargestellt, daß der geologische Schwellengehalt fast immer niedriger ist als der industrielle Minimalgehalt oder der Durchschnittsgehalt der Lagerstätte oder des Blockes.

Bei der Berechnung der Vorräte geht der Geologe vom industriellen Minimalgehalt aus, der ihm im allgemeinen genannt wird (vgl. weiter unten). Auf Grund der durch die Erkundung bekanntgewordenen Verteilung der Gehalte in dem Lagerstättenkörper bestimmt er den geologischen Schwellengehalt, der es ermöglicht, mit Hilfe der über dem geforderten Mindestgehalt liegenden Partien so viel von den ärmeren Teilen in die Bilanzvorräte einzubeziehen, daß in der Gesamtheit der Vorräte der Mindestgehalt eingehalten wird.

An einem angenommenen Beispiel soll das Verfahren erläutert werden. In der Abbildung — Bemusterungsriß einer Ganglagerstätte — sind die Gehalte der nutzbaren Komponente auf Grund von in gleichmäßigen Abständen entnommenen Proben eingetragen. Es sollen C_2-Vorräte durch Interpolation um einen Sohlenabstand nach oben und unten berechnet werden. Der industrielle Minimalgehalt ist mit 0,6% festgelegt.

Annahme 1: Die Auffahrung reicht nur bis zum Punkt F. Dann kann nach einem von PROKOFJEW (1956) angegebenen Verfahren der geologische Schwellengehalt ermittelt werden, indem das Produkt aus der Zahl derjenigen Proben, die den industriellen Minimalgehalt übersteigen und deren Gehaltsanteil über dem industriellen Minimalgehalt liegt (in der Abbildung durch die schrägschraffierte Fläche über der 0,6-%-Linie dargestellt), gegen das Produkt aus der Probenzahl unter 0,6% und deren Gehaltsdifferenz gegenüber 0,6% (Manko) aufgerechnet wird. Das Manko ist durch die schrägschraffierte Fläche unter der 0,6-%-Linie dargestellt.

Der geforderte industrielle Minimalgehalt von 0,6% wird eingehalten, wenn die zwischen D und E angetroffenen reichen Partien mit den ärmeren zwischen B und C bis herab zum Gehalt von 0,4% verschnitten werden.

Die Forderung, daß die Probe mit dem Schwellengehalt am äußeren Umriß der Lagerstätte liegen muß, wird durch die Abbildung verdeutlicht: Die Proben zwischen C und D mit unter 0,4% liegenden Gehalten stellen keine Schwellengehalte dar, weil ihre Probenpunkte in die Vorratsumgrenzung einbezogen werden und nicht bei der Abgrenzung des Blockes mitwirken.

Annahme 2: Nach Weiterführung der Auffahrung bis zum Punkt H kann auf Grund des höheren Durchschnittsgehaltes des zwischen G und H liegenden Abschnittes der industrielle Minimalgehalt von 0,6% eingehalten werden, wenn als Schwellengehalt 0,2% gewählt wird (die über der 0,6-%-Linie waagerecht schraffierte Fläche entspricht dem Inhalt der gleichgekennzeichneten Fläche unterhalb dieser Linie).

Der Abschnitt BC kann zusätzlich in die Vorräte einbezogen werden.

Technologischer Minimalgehalt

Zu beachten ist, daß der Einbeziehung ärmerer Erze nach unten eine Grenze durch die Höhe der unvermeidlichen Aufbereitungsverluste gesetzt ist (PROKOFJEW 1956). Wenn z. B. in einer gutarbeitenden Aufbereitung als nicht vermeidbare Aufbereitungsverluste 0,25% der nutzbaren Komponente in Form von Aufbereitungsabgängen auf die Berghalde oder in die Schlammteiche wandern, wäre es nicht sinnvoll, etwa Erz mit 0,1% Gehalt in die Vorräte einzubeziehen, da einmal diese Gehalte nicht ausgebracht werden können und zum anderen die bei der Verarbeitung dieses Materials anfallenden Aufbereitungsberge darüber hinaus sich noch aus dem Inhalt der reicheren Partien anreichern und einen Teil der ausbringbaren Komponente mitreißen. Diese Gefahr ist besonders dann gegeben, wenn infolge des Fehlens ökonomisch begründeter Werte für den industriellen Minimalgehalt mit vorläufigen, zu niedrig angesetzten Zahlen gearbeitet wird, wobei die Gehaltdifferenz zwischen dem der Berechnung zugrunde gelegten vorläufigen industriellen Minimalgehalt und dem bei der Planung verwendeten tatsächlichen Aufgabegutgehalt instruktionsgemäß als „geplanter Verlust" ausgewiesen ist.

Bei nicht eingeschränkter Verwendung des Wertes für den industriellen Minimalgehalt besteht die Möglichkeit, daß solche Lagerstättenpartien in die Berechnung einbezogen werden können, aus denen mit Hilfe der gegebenen technologischen Einrichtungen Gehalte an nutzbaren Komponenten nicht ausbringbar sind. Es wird deshalb vorgeschlagen, als Grenze den „technologischen Minimalgehalt" einzuführen, d. h. Durchschnittsgehalt von Lagerstättenteilen, bei denen ein Ausbringen der nutzbaren Komponenten nicht mehr möglich ist.

Mindestmächtigkeit

Bei geringmächtigen Gang- und Schichtlagerstätten genügt die Abgrenzung der Vorräte mit Hilfe eines Schwellen- oder Grenzgehaltes nicht immer. Selbst bei Gehalten in Proben, die über dem geologischen Schwellengehalt oder auch dem industriellen Minimalgehalt liegen, können Lagerstättenteile dann nicht in die bilanzwürdigen Vorräte einbezogen werden, wenn ihre Mächtigkeit zu gering ist. Dieser Fall ist dann gegeben, wenn die nutzbare Komponente beim Abbau durch das mitzugewinnende Nebengestein bis unter den zulässigen Gehalt verdünnt wird, oder anders ausgedrückt, wenn die Schüttung an nützlichem Mineral je Einheit der Gang- oder Flözfläche den Abbau nicht lohnt.

In der Steinkohleninstruktion sind Zahlenwerte für die Mindestmächtigkeiten angegeben. In der Blei-Zink-Instruktion wird darauf hingewiesen, daß die Abgrenzung der Bilanz- und Außerbilanzvorräte nicht nur nach den Gehalten, sondern auch nach der Mächtigkeit erfolgt, wobei diese Parameter als Meterprozent oder als Schüttung — Kilogramm je m² — vereinigt werden.

Berücksichtigung von Nebenkomponenten

Bei Lagerstätten mit mehreren nutzbaren Komponenten soll die rationelle Nutzung aller oder wenigstens der wesentlichsten nützlichen Bestandteile erfolgen. Der Geologe muß also bei der Umgrenzung der Lager-

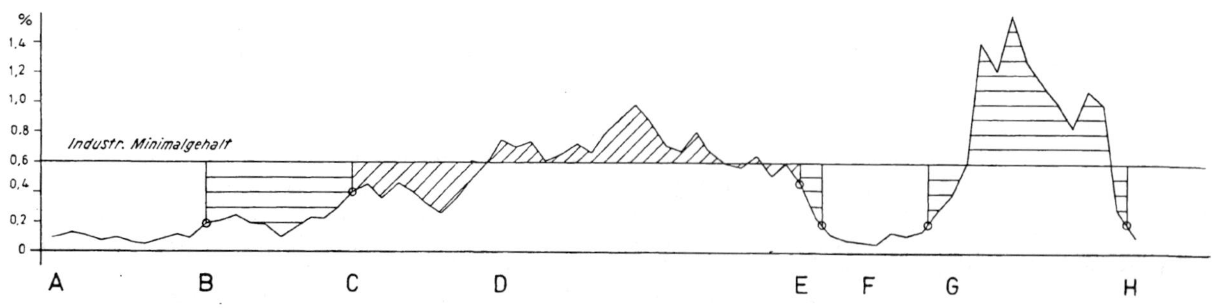

Zusammenhang zwischen industriellem Minimalgehalt und geologischem Schwellengehalt

stätte den unter dem geforderten Mindestgehalt der einen Komponente liegenden Gehalt der Proben durch einen Überschußgehalt an anderer Komponente ausgleichen. Hierfür ist in der Blei-Zink-Instruktion festgelegt, daß „die den industriellen Minimalgehalt übersteigenden Gehalte der einen Komponente fehlende Gehaltsanteile (bis zu ihrem Schwellengehalt) der anderen Komponente im Verhältnis Pb:Zn = 1:1,2 ersetzen können".

Zusammenfassung

Die seit 1957 in unserer „Zeitschrift für angewandte Geologie" geführte Diskussion über die Bauwürdigkeit an Lagerstätten wird von dem Autor fortgesetzt. Es wird der Begriff des „technologischen Minimalgehaltes" als untere Grenze für die Einbeziehung von Lagerstättenteilen in die Vorräte in Abhängigkeit von der Grenze der Aufbereitbarkeit vorgeschlagen. Die Bestimmung der Zentralen Vorratskommission über die Abgrenzung der Vorräte mit Hilfe des „industriellen Minimalgehaltes" und des „geologischen Schwellengehaltes" werden an einem Beispiel dargestellt.

Резюме

Автор продолжает начатую в 1957 году дискуссию в нашем «Журнале прикладной геологии» о промышленном значении месторождений. Предлагается понятие «технологическое минимальное содержание» как нижняя граница для причисления частей месторождения к запасам в зависимости от пределов обогатимости. Постановления Центральной комиссии по запасам о разграничении запасов при помощи «промышленного минимального содержания» и «геологического бортового содержания» показываются на примере.

Summary

The discussion about the minability of deposits — raised in our „Zeitschrift für angewandte Geologie" in 1957 — is continued by the author. The term, „technological minimal content" is suggested as the lower limit to incorporate parts of deposits in the reserves in dependence to the limit of possible preparation. The declerations of the Central Reserve Commission concerning with the limiting of reserves by means of the „industrial minimal content" and the „geological threshold content" are demonstrated on an example.

Literatur

PROKOFJEW, A. P.: Über industriellen Minimalgehalt und geologischen Schwellengehalt. — Z. angew. Geol. 4, S. 161, 1956.

— Die Bestimmung des geologischen Schwellengehaltes mit Hilfe statistischer Analyse der Bemusterungsergebnisse, 5/6, S. 248, 1956.

WATZNAUER: Der Begriff der Bauwürdigkeit.

STAMMBERGER: Einführung in die Berechnung von Lagerstättenvorräte fester mineralischer Rohstoffe. — Berlin 1956.

— Zum Problem der Bauwürdigkeit. — Z. angew. Geol. 2/3, S. 84, 1957.

Instruktion zur Anwendung der „Klassifikation der Lagerstättenvorräte fester mineralischer Rohstoffe aus Blei-Zink-Lagerstätten der DDR" vom 19. 2. 1957. — Z. angew. Geol. 5/6, S. 269, 1957.

Instruktion zur Anwendung der „Klassifikation der Lagerstättenvorräte fester mineralischer Rohstoffe auf Kupferlagerstätten der DDR" vom 5. 3. 1957. — Z. angew. Geol. 5/6, S. 275, 1957.

Instruktion zur Anwendung der „Klassifikation der Lagerstättenvorräte fester mineralischer Rohstoffe auf Fluß- und Schwerspatlagerstätten der DDR" vom 19. 2. 1958. — Z. angew. Geol. 6, S. 284, 1958.

Über die Methodik bohrlochgeophysikalischer Untersuchungen karbonatischer Speichergesteine [1]

N. A. Perkow

In letzter Zeit wird die Untersuchung karbonatischer Speichergesteine (die z. T. klüftig sind) mit Hilfe bohrlochgeophysikalischer Methoden immer notwendiger. Das hängt damit zusammen, daß in einer Anzahl von Erdölprovinzen — Grosny, Ost-Stawropol, Buchara, Teilen der Ukraine u. a. — karbonatische Gesteine die Hauptobjekte der Erkundung und der geplanten späteren Erdöl- und Gasförderung darstellen. Es wird also unbedingt notwendig, verläßliche Materialien zu bekommen, die die Ausgliederung poröser und permeabler Lagen karbonatischer Profile und die Abschätzung ihres Gehaltes an natürlichen Kohlenwasserstoffen gestatten.

Erforderlich sind weiterhin Ausgangsdaten zur Bestimmung der effektiven Mächtigkeit und der Speichereigenschaften der Schichten, das sind in erster Linie die Porosität und Permeabilität, die zur Vorratsberechnung benötigt werden.

Die Lösung der gezeigten Aufgaben mit Hilfe der während des Abteufens der Bohrung gewonnenen Kerne ist nicht immer möglich. Wie die Erfahrung zeigt, gelingt es auch bei bestem Kerngewinn aus dem uns interessierenden Teufenabschnitt nur selten, Proben zerklüfteten Gesteins zu erhalten. Solche Gesteine werden in der Regel beim Bohrvorgang zerstört, und an die Oberfläche gelangen nur die dichteren Gesteine des betreffenden Intervalls.

Die Methodik, die in Sand-Ton-Profilen zur Ausgliederung poröser und permeabler Schichten aus dem Bohrprofil mit Hilfe elektrischer Bohrlochmeßkurven angewandt wird, erweist sich für karbonatische Gesteine als unzureichend. Werden in klastischen Sedimenten sandige Schichten durch negative Eigenpotentialanomalien angezeigt und ist der spezifische Widerstand derselben Schicht durch deren Ölsättigung bedingt, so können in karbonatischen Profilen negative Eigenpotentialanomalien sowohl an porösen wie auch an dichten Teilen des Bohrprofils auftreten, und der spezifische Widerstand dieser Schichten hängt sehr stark von der Porosität ab, die sich bei karbonatischen Gesteinen innerhalb weit entfernter Grenzwerte ändert. Oftmals sind hochporöse ölführende Schichten in der Bohrlochmeßkurve durch niedrigere Widerstände ausgezeichnet als dichte wasserführende Kalksteine und Dolomite. Die mit den elektrischen Standardverfahren und mit der Seitlichen Bohrlochsondierung, also mit den wichtigsten Methoden zur Untersuchung sandiger Speichergesteine, erhaltenen Werte sind in karbonatischen Profilen deshalb unzureichend. Hier müssen unbedingt radiometrische Bohrlochmeßmethoden angewandt werden, in erster Linie die Neutronen-Gamma-Messung (NGK), mit deren Hilfe sich poröse Abschnitte des Bohrprofils ausscheiden lassen.

Zerklüftete karbonatische Speicher haben im allgemeinen eine geringe totale Porosität, besonders dann, wenn die intergranulare Porosität des Gesteins klein ist. In solchen Speichergesteinen werden hohe Neutronen-Gamma-Werte erhalten, die gewöhnlich für dichte, wenig permeable Gesteine charakteristisch sind.

Wenn klüftige Speicher in Form von tonigen Gesteinen auftreten, also von Gesteinen, deren intergranulare Poren mit einer Beimengung toniger Teilchen angefüllt sind, so erscheinen solche Gesteine auch in der Eigenpotentialkurve nicht hervorgehoben. In diesem

[1]) Aus „Geologija nefti i gaza" H. 6, 1959.

Falle muß der Komplex geophysikalischer Untersuchungsmethoden, mit dem das karbonatische Profil bearbeitet wird, auch Messungen mit Mikrosonden einschließen; klüftige Speicher werden auf den Mikro-Widerstandskurven infolge des an der Bohrlochwand entstandenen Filterkuchens durch niedrige Meßwerte angezeigt.

Mit Hilfe der Mikro-Widerstandskurven ist es möglich, die effektive Gesamtmächtigkeit produktiver Schichten aufs genaueste zu bestimmen. Sie stellen überdies in dünnschichtigen Profilen das einzige Mittel zur Lösung dieser Aufgabe dar.

In Bohrungen, deren Profil sich aus karbonatischen Gesteinen aufbaut, ist es deshalb zur Lokalisierung von speicherfähigen Gesteinen und zur Abschätzung des Ölgehaltes und der Porosität derselben zweckmäßig, elektrische Bohrlochmessungen durchzuführen, d. h. Eigenpotential- (SP-) und Widerstandsmessungen mit Standardsonden, Seitliche Bohrlochsondierung, Mikro-Widerstandsmessungen sowie radiometrische Messungen (Gammastrahlung und Neutronen-Gamma-Methode) und Kalibermessung.

Die elektrischen Standardmessungen werden in den für das gegebene Meßgebiet üblichen Teufen- und Widerstandsmaßstäben durchgeführt. (Der Teufenmaßstab ist in der Regel 1 : 500.) Die Kurven der elektrischen Standardmessungen dienen in erster Linie zur Korrelation, zusammen mit den angegebenen anderen Methoden, aber auch zur Ausgliederung der Speichergesteine aus dem Bohrprofil, zur Feststellung ihres Öl- bzw. Gasgehaltes und auch zur Bestimmung der effektiven Mächtigkeit der produktiven Schichten.

Die Seitliche Bohrlochsondierung (SBS) wird im Teufenmaßstab 1 : 200 durchgeführt. Auf einer der SBS-Kurven wird, ebenfalls im Teufenmaßstab 1 : 200, auch die SP-Kurve registriert.

Die Ergebnisse der SBS dienen zur Bestimmung des wahren spezifischen Widerstandes der Gesteine und zur Untersuchung der Parameter der Infiltrationszone, das sind die Tiefe und der spezifischeWiderstand der Infiltrationszone.

Könnte der längere Stillstand der Bohrung ohne Zirkulation der Tonspülung zu Komplikationen und Havarien führen, so sollte an Stelle der SBS eine Messung der scheinbaren spezifischen Widerstände mit einer langen Gradientsonde (AO = 4 bis 8 m) im Teufenmaßstab 1 : 200 duchgeführt werden; im gleichen Teufenmaßstab ist auch die SP-Messung durchzuführen. Die mit der langen Gradientsonde erhaltenen scheinbaren spezifischen Widerstände werden zur Ermittlung der wahren spezifischen Gebirgswiderstände benutzt.

Mikrosonden. Bei der Bohrlochmessung mit dreiadrigem Kabel werden gleichzeitig Widerstandsmessungen mit zwei Mikrosonden [Mikronormale und -inverse (Gradientsonde)] und eine weitere Messung mit einer idealen Normalsonde durchgeführt. Die Kurve der letzteren wird weiterhin als Null-Linie bei der Aufzeichnung der Mikronormalen-Kurve verwendet.

Die Mikro-Widerstandskurven werden zur Ausscheidung poröser und permeabler Schichten und Einlagerungen aus dem Bohrprofil verwendet. Die letzteren sind auf den Kurven durch niedrige scheinbare spezifische Widerstände aufgezeichnet, deren Größe das 2—4fache des spezifischen Widerstandes der Tonspülung nicht übersteigt. Weiterhin dienen die Mikro-Widerstandskurven zur Bestimmung der effektiven Mächtigkeit der produktiven Schichten.

Bei der Arbeit in komplizierten Bohrlöchern wie auch bei Anwendung der Bohrlochmeßapparaturen des Typs OKS empfiehlt es sich, die Messung mit einer Mikro-Normalsonde durchzuführen, deren dritte Elektrode an der Masse des Sondenkörpers liegt. In diesem Falle sollte man zur Kontrolle der Qualität der Mikro-Widerstandskurven eine Widerholungsmessung über das ganze untersuchte Teufenintervall oder einen Teil desselben durchführen. Die Mikro-Widerstandskurven werden im Teufenmaßstab 1 : 200 registriert.

Radiometrische Bohrlochmessungen. Die Gammastrahlungs- und Neutronen-Gamma-Messungen werden innerhalb des untersuchten Teils eines karbonatischen Profiles im Teufenmaßstab 1 : 200 durchgeführt. Bei Anwendung der zweikanaligen Standardapparatur zur radiometrischen Bohrlochmessung werden die Gamma- und die NGK-Kurven getrennt aufgezeichnet, weil bei gleichzeitiger Registrierung derselben ihre Qualität stark verschlechtert wird, was aber besonders für die NGK-Kurven unzulässig ist, weil man dieselben unbedingt mit bestmöglicher Genauigkeit erhalten muß. Die Neutronen-Gamma-Messung wird mit einer NGK-Sonde von gewöhnlich 50—60 cm Sondenlänge durchgeführt. Zur Kontrolle der Stabilität der Arbeit der Apparatur und zur Gewährleistung einer entsprechenden Qualität der Meßkurven werden die NGK-Messungen zweimal im gleichen Teufenintervall mit einer Sonde gleicher Länge durchgeführt.

Bei radiometrischen Bohrlochmessungen werden Apparaturen verwendet, die mit Hilfe besonderer Vorrichtungen geeicht wurden. Die Ergebnisse radiometrischer Bohrlochmessungen werden zur Abschätzung der totalen (gesamten) Porosität der karbonatischen Speicher, ihres Tongehaltes und zusammen mit den Ergebnissen der Widerstandskarottage und der SBS zur Untersuchung des Kohlenwasserstoffgehaltes und der Klüftigkeit der Schichten verwendet.

Die radiometrische Bohrlochmessung soll in unverrohrten Bohrlöchern durchgeführt werden; bei Messungen in verrohrten Bohrlöchern (die in einigen Gebieten durchgeführt werden) verschlechtert sich die Qualität der Meßkurven, wodurch die Fehler bei der Interpretation der erhaltenen Ergebnisse vergrößert werden. Aus diesen Gründen sollten radiometrische Bohrlochmessungen nur in Ausnahmefällen in verrohrten Bohrlöchern stattfinden, d. h., wenn Messungen im unverrohrten Bohrloch große Schwierigkeiten mit sich bringen. Bei der NGK soll die Bewegungsgeschwindigkeit der Bohrlochsonde nicht zu groß sein (nicht über 200—250 m/Std.).

Kalibermessungen werden im gleichen Teufenmaßstab wie die elektrischen Standardmessungen durchgeführt. Die erhaltenen Kurven dienen zur Präzisierung des lithologischen Aufbaues der Gesteine des Bohrprofils wie auch zur Interpretation der Ergebnisse der SBS und der radiometrischen Karottage.

Zusammenfassung

Der Verfasser weist darauf hin, daß der Untersuchung karbonatischer Speichergesteine zunehmende Bedeutung zukommt, da diese in vielen Gebieten die Haupterkundungsobjekte der für die Zukunft geplanten Erdöl- und Erdgasförderung darstellen. Bohrkerne allein genügen häufig nicht, um die Eigenschaften der durchbohrten Horizonte festzustellen. Es ist deshalb zur Lokalisierung von speicherfähigen Gesteinen und zur Abschätzung ihres Ölgehaltes und ihrer

Porosität zweckmäßig, elektrische Bohrlochmessungen durchzuführen, d. h. Eigenpotential- und Widerstandsmessungen mit Standardsonden, Seitliche Bohrlochsondierung, Mikro-Widerstandsmessungen, radiometrische Messungen (Gammastrahlung und Neutronen-Gamma-Elektrode) und Kalibermessung.

Резюме

Автор указывает на то, что значение исследования карбонатных коллекторов увеличивается, так как они во многих областях являются главными объектами разведки для запланированной добычи нефти и газа. Для установления свойств пробуренных горизонтов одних буровых кернов часто недостаточно. Поэтому целесообразно для локализации пород с коллекторскими свойствами и для оценки нефтеносности и их пористости производить электрокаротаж, т. е. измерения собственного потенциала и сопротивления с стандартными зондами, БКЗ скважины, измерение микросопротивления, радиометрические измерения (гамма-излучение, нейтронно-гамма-метод) и измерения внутреннего диаметра.

Summary

The author points out, that the study of carbonate reservoir rocks has increasing importance, because they are the principal future objects of exploration in many sedimentary regions with oil and gas possibilities. Cores frequently do not supply the necessary data for the evaluation of the drilled beds. In order to localize reservoir rocks and to estimate their oil saturation and porosity it is useful to utilize electrical well logging i. e. selfpotential and resistivity logging with standard sondes, lateral logging, microlog as well nuclear well logging (gamma ray and neutron gamma longs) and caliber logs.

Rechenschieber für die Auswertung geoelektrischer Messungen

FRITZ ROESCHMANN, Berlin

Im folgenden wird ein Rechenschieber beschrieben, der sich bei der Auswertung von Messungen mit geoelektrischen Meßverfahren gut bewährt hat. Durch seine Verwendung wird eine stellenwertrichtige Bestimmung des scheinbaren spezifischen Widerstandes ρ_s in sehr kurzer Zeit möglich. Der Rechenschieber wurde als Gebrauchsmuster eingetragen.

Bei der Auswertung geoelektrischer Messungen treten immer wieder dieselben Rechenarbeiten auf, so z. B. die bekannte Wennerformel

$$\rho_s = 2\pi a \frac{\Delta V}{i}$$

Veränderliche sind hierbei

1. die Größe a als Elektrodenabstand
2. die Größe Δ V als Potentialdifferenz im Sondenkreis
3. die Größe i als Stromstärke im Elektrodenkreis

Von diesen drei Größen ließen sich, wenn man auf variable Stromstärken im Elektrodenkreis verzichten wollte, zwei fest erfassen, während man für die dritte Größe, in Abhängigkeit von den zwei anderen, Tabellen aufstellen könnte. Bei SCHLUMBERGER-Messungen kann man die Faktoren, die sich bei der Elektroden-Sonden-Konfiguration ergeben, tabellenmäßig zusammenstellen. Wollte man nun noch die Stromstärke mit einbeziehen, würde sich ein beachtliches Tabellenwerk ergeben.

Im allgemeinen werden die Werte des spezifischen Widerstandes mit dem Rechenschieber genau genug errechnet. Es liegt also nahe, auch weiterhin einen Rechenschieber zu verwenden. Zweckmäßig erscheint jedoch,

1. ihn mit den vorkommenden Bezeichnungen zu versehen,
2. mehrere logarithmische Einheiten aneinanderzureihen, um nicht gezwungen zu sein, die Zunge ständig umstellen zu müssen, und außerdem
3. die Anzahl der logarithmischen Einheiten so zu erweitern, daß stellenwertrichtige Angaben ermöglicht werden,
4. ihn so zu gestalten, daß er sowohl für die WENNER-Konfiguration benützt werden kann als auch nach Auswechseln der Zunge jeweils für die SCHLUMBERGER-Anordnung zu verwenden ist, die gerade bei der Messung angewendet wird,
5. gegebenenfalls durch Anwenden von runden oder trommelförmigen Skalen und Verlängern der logarithmischen Einheiten genauere Ablesungen zu ermöglichen.

Um die Forderungen 1 bis 3 zu erfüllen, wurde ein Funktionsmodell des Rechenschiebers hergestellt. Es hat sich schon seit geraumer Zeit in der Praxis bewährt. Zwei Lineale, die mit je sechs logarithmischen Einheiten von zehn Zentimeter Länge versehen sind, werden so aneinandergelegt, daß die Skalen übereinanderstehen. Auf der oberen Skala sind die Werte von 0,01 bis 500 Volt mit schwarzen Zahlen vermerkt. Ferner sind die Werte des scheinbaren spezifischen Widerstandes in Ohmmeter von 0,1 bis 10000 in grüner Farbe zu finden. Auf der unteren Skala sind die Angaben für das Produkt $2\pi a$, der WENNER-Anordnung entsprechend, mit blauen Ziffern, auf den Sondenabstand a bezogen, angebracht. Ebenfalls enthält die untere Skala die Werte für die Stromstärke im Elektrodenkreis in Ampere, und zwar von 0,01 bis 10, in roten Zahlen.

Der Rechenvorgang geht sehr einfach vor sich. Die verwendete Stromstärke i (auf der unteren Skala) wird auf die abgelesene Potentialdifferenz ΔV (auf der oberen Skala) eingestellt. Über dem entsprechenden Wert für den Sondenabstand a (auf der unteren Skala) wird dann der Wert für den scheinbaren Widerstand ρ_s auf der oberen Skala abgelesen.

Für SCHLUMBERGER-Messungen müssen die unteren Skalen ausgewechselt werden, damit die Bezeichnungen den Faktoren entsprechen, die durch den verwendeten Sonden- und Elektrodenabstand gegeben sind. Möglich könnte es sein, nicht die Skalen auszuwechseln, sondern nur die Bezeichnungen und die Ergebnisse unter Zuhilfenahme eines Läufers abzulesen.

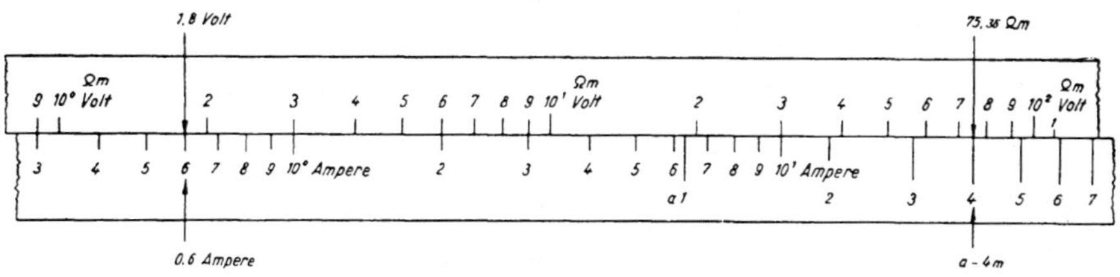

Gemessene Potentialdifferenz $\Delta V = 1{,}8$ V Elektrodenabschnittslänge der WENNER-Anordnung a = 4 m
Gemessene Stromstärke i = 0,6 A Scheinbarer spezifischer Widerstand $\rho_s = 75{,}36\,\Omega$m

Über die Sedimentation im Saaletrog im Bereich des östlichen Harzvorlandes während des Zechsteins 1 und 2

(Eine Erwiderung)

EBERHARD KAUTZSCH, Berlin

Nach wie vor bietet die Frage nach der Entstehung der syngenetischen Metallablagerung im Kupferschiefer viele ungelöste Probleme. Die Lösung dieser Probleme ist aber für den Erfolg beim Aufsuchen von bauwürdigen vererzten Kupferschieferzonen von ausschlaggebender Bedeutung. Es ist deshalb zu begrüßen, wenn sich STEINBRECHER (1959) kürzlich zu diesem Problem in einem Aufsatz über den oberrotliegend-oberpermischen Sedimentationszyklus im Saaletrog im Bereich des östlichen Harzvorlandes äußert. Er versucht dabei, auf Grund eines Reliefunterschiedes des Meeresgrundes im Kupferschiefermeer die Deutung der „Roten Fäule" als Schwellenfazies durchzuführen. Dabei glaubt er, bei seinen Überlegungen ähnliche Vorgänge und Gründe für die Kupferanreicherung im Kupferschiefer zu erkennen, wie sie bereite von G. RICHTER (1941) beschrieben wurden. Hierbei sind allerdings Abweichungen in den Vorstellungen zwischen den beiden genannten Autoren festzustellen.

RICHTER schreibt: „In den Tiefenzonen mit mächtigem Unterzechstein herrscht Kupfer vor, auf den flachgründigeren Randgebieten mit geringer Zechsteinkalkentwicklung ausschließlich Zinkfazies."

STEINBRECHER will die Rote Fäule als Schwellenfazies, sedimentiert in höhergelegenen sauerstoffreichen Wasserzonen, erklären, wobei er die Zechsteinkalkmächtigkeit innerhalb der Mansfelder Mulde für seine Deutung mit zu Hilfe nimmt. Auf Grund der Tatsache, daß an den Rändern der Roten Fäule die Kupferanreicherungen am stärksten sind, würde im Gegensatz zu der Auffassung von RICHTER also auch das Kupfer an den höhergelegenen Rändern von Senken im Kupferschiefer mehr unmittelbar an den Schwellen zu liegen kommen.

STEINBRECHER baut auf diese Anschauung eine metallogenetische Vorstellung auf, nach der die reicheren Kupferzonen im Kupferschiefer als Schwellenfazies einer Art sekundären Entstehung gedeutet werden. Dabei werden jedoch Argumente angeführt, die nicht unwidersprochen bleiben dürfen.

1. So sagt er u. a., daß in dem Rote-Fäule-Bereich keine Hinweise auf stärkere Wasserbewegung beobachtet werden können, wie z. B. Kreuz- oder Diagonalschichtung, Wellenmarken und ähnliches. Eine stärkere Wasserbewegung in den Rote-Fäule-Zonen müsse man aber bei der Ablagerung des Kupferschiefers oder Zechsteinkalkes auf Grund der von GILLITZER (1936) und mir (1942 und 1954) veröffentlichten Deutung dieser Erscheinung als Hinweise eines sauerstoffreichen Wasserzuflusses in das Kupferschiefermeer seiner Meinung nach voraussetzen. Nach meiner Meinung ist dies nicht nötig und auch unmöglich; denn es handelt sich beim Kupferschiefer um ein pelitisches Sediment mit tonigem Bindemittel, das bei seiner Ablagerung wegen des feinen Korns und den tonigen Bestandteilen zu Kreuzschichtung keinen Anlaß geben kann. Der petrographische und geochemische Charakter dieses Sedimentes, so wie er von mir 1954 beschrieben wurde, widerspricht dieser Annahme von STEINBRECHER. So verlangt z. B. CORRENS (1941) als Vorbedingung für die Bildung von Rippelmarken vor allem die Körnigkeit des Sediments und daß die einzelnen Teilchen nicht zusammenkleben. Auch in einschlägigen Handbüchern, wie z. B. TWENHOFEL „Principles of Sedimentation", wird auf Seite 555 die gleiche Meinung vertreten. Da sich Kreuzschichtungen meistens aus Rippelmarken entwickeln, handelt es sich hier also um eine Tatsache, die bereits allgemein bekannt und begründet ist.

Zweifellos handelt es sich bei dem Kupferschiefer um ein relativ sehr ruhiges und wenig bewegtes Meer, wobei sich die von anderen und mir angenommenen sauerstoffreichen Wasserzuflüsse vom Festland auch sehr langsam bewegten, so daß eine pelitische Sedimentation überhaupt möglich war. Als Beispiel aus unserer nächsten Nähe sei hier z. B. der Greifswalder Bodden genannt, wo auch eine pelitische Bodensedimentation mit teilweiser reduzierender Wasseratmosphäre herrscht, bei sauerstoffreichen Wasserzuflüssen von Rügen und vom Festland her.

2. Die unterschiedlichen Zechsteinkalkmächtigkeiten als Reliefunterschiede auch im Kupferschiefermeer zu deuten, wurde schon von G. RICHTER und mir im Jahre 1939 diskutiert und in Karten aus dem Richelsdorfer Gebiet 1941 und 1942 niedergelegt und erläutert. Beim Zechsteinkalk handelt es sich um feingeschichtetes Kalksediment, das seine Entstehung keiner Riffazies verdankt. Größere Kalkmächtigkeiten sind in solchen Sedimenten Hinweise für etwas größere Tiefen des Wassers, während geringere Zechsteinkalkmächtigkeiten den flacheren Teilen des Meeresbeckens entsprechen. G. RICHTER hat diese Erscheinungen in gleicher Weise gedeutet (1942). Deutet man in dieser Weise die Karte, welche STEINBRECHER auf Grund der niedergebrachten Tiefbohrungen in der Mansfelder Mulde entworfen hat, so ergibt sich hieraus das Folgende:

2.1 Eine von SW nach NO verlaufende Rinne läßt sich etwa konform mit dem Rote-Fäule-Zug quer durch die Mansfelder Mulde hindurch erkennen. Diese Rinne, welche sich in Form einer größeren Zechsteinkalkmächtigkeit von 6, 6,5 und 7 m widerspiegelt, ist also die Richtung, welche die sauerstoffreichen vom Festland stammenden Zuflüsse innerhalb des Salzwassers nahmen. Es ist bekannt, daß sich in Flußmündungen, z. B. am Kongo und Amazonas, Süßwasser noch sehr weit innerhalb des Meereswassers nachweisen lassen. Am Kongo sollen das etwa 200 km sein, am Amazonas sogar über 450 km.

2.2 Es läßt sich weiter im Westen zunächst unmittelbar an der 6-m-Linie noch eine schwache Bodenerhebung erkennen, die durch die 5-m- sowie an einer Stelle durch eine 4-m-Linie erkennbar ist. Weiter westlich und nördlich treten dann drei Maxima von Zechsteinmächtigkeiten auf, welche auf Senken des dortigen Flachmeerbodens hindeuten. Schon im Oberrotliegenden wird dieses Senkungsgebiet durch die dortige Sandsteinschieferfazies (SCHRÖDER 1934) angedeutet. Während der Kupferschieferzeit, der Zechsteinkalkzeit und der darauffolgenden Zeiten haben diese Senkungen hier weiterbestanden. Diese Senkungsgebiete sind teilweise (nicht generell!) auch Faziesbereiche bauwürdiger Kupferführung im Kupferschiefer, teilweise liegen sie schon im Pb + Zn-Saum, teilweise im vollständig armen Kupferschiefer. Der Begriff „Saum" wird hier entsprechend meiner Deutung in Beziehung zur Roten Fäule (KAUTZSCH 1954) benutzt.

3. Weiterhin kann ich in keiner Weise der Einführung eines sogenannten „Burgsdorfer Flöztyps" zustimmen. Die im Raume Helfta-Unterrißdorf auftretenden Flözpartien unterscheiden sich bezüglich ihrer Metallverteilung grundsätzlich durch nichts von dem Flöz des Otto-Brosowski-Schachtes.

4. Der Auffassung von STEINBRECHER, daß es unwahrscheinlich sei, daß über einen Zeitraum von 8500 Jahren der Weg der Zuflüsse vom Festland der gleiche bliebe, ist die Tatsache aus historisch belegbarer Zeit gegenüberzustellen, daß z. B. der Nil seit mehr als 8000 Jahren etwa die gleiche Richtung einnimmt, wie er sie heute hat.

5. Weiterhin spricht STEINBRECHER von einer Lösungsmigration, d. h., er glaubt, daß Metallösungen innerhalb des Kupferschiefers zu Zeiten der Frühdiagenese zirkulierten, um hier dann das Kupferschiefermaterial, welches ursprünglich taub gewesen sein soll, nachträglich mit Metall zu imprägnieren. Dieser Vorstellung widerspricht jedoch das mikroskopische Bild. Die Einbettung der Metallsulfide innerhalb des pelitischen Materials ist so, daß man hier von einer primären, gleichzeitigen, syngenetischen Sedimentation von Metallsulfid und von pelitischem Material sprechen muß. Die bekannten Bilder, welche von SCHNEIDERHÖHN und vielen anderen gezeigt worden sind, sprechen hierfür und nicht für die Annahme von STEINBRECHER. Bei einer Lösungsmigration müßte man generell auf Haarrissen und Klüften besondere Metallanreicherung beobachten. Solche Haarrisse sind aber

durchaus nicht generell in den kupferreichen Randgebieten der Roten Fäule zu beobachten, sondern nur in Zonen, die durch tektonische Beeinflussung klüftig wurden und dort später eine Metallwanderung sekundärer Art auf Klüften ermöglichten. Auch ist es grundsätzlich so, daß im Stadium der Diagenese, also auch der Frühdiagenese, eine Entwässerung der im Begriff der Verfestigung stehenden sedimentären Ablagerungen generell vor sich geht. Diese Entwässerung kann also nur eine Wegfuhr von in Lösung befindlichem Metall verursachen, niemals aber eine Zufuhr.

6. Das von STEINBRECHER erwähnte Zusammenfallen von Metallanreicherungen im Kupferschiefer und der Verbreitung des Sandsteinschiefers trifft nicht zu. Vergleicht man die von SCHRÖDER (1934) veröffentlichte Karte der Mächtigkeiten des Sandsteinschiefers mit einer Karte der Metallverteilung im Kupferschiefer, wie sie von mir im April 1958 veröffentlicht wurde, so erkennt man, daß die frühere Anschauung des Zusammenfalls von Metallverteilung im Kupferschiefer und Verbreitung des Sandsteinschiefers, wie sie von G. RICHTER (1942) angeführt wurde, nicht mehr aufrechtzuerhalten ist. So zieht sich einseitig die Sandsteinschieferfazies quer durch das vollständig taube Rote-Fäule-Gebiet von Sangerhausen-Riestedt hindurch. Auch befindet sich Sandsteinschiefer im primär tauben Gebiet im NO der Mansfelder Mulde.

Zusammenfassend ist zu bemerken, daß die von STEINBRECHER veröffentlichten Karten eher für meine Arbeitshypothese als gegen sie sprechen. Da diese Arbeitshypothese auf den Erfolgen vieler Generationen Mansfelder Bergleute aufgebaut ist und auf Beobachtungen von GILLITZER, anderer und mir weiterbaut, und da sich außerdem diese Arbeitshypothese bisher in der Praxis gut bewährt hat, halte ich an dieser Anschauung fest. Im übrigen ist es aber am zweckmäßigsten, weiter Material zu sammeln und dabei kollektiv vorzugehen.

Zusammenfassung

Es wird zu einigen in den von B. STEINBRECHER über die Sedimentation im Saaletrog im Bereich des östlichen Harzvorlandes während des Zechsteins 1 und 2 angeschnittenen Fragen Stellung genommen.

Die von STEINBRECHER angenommene Schwellenfazies wird nicht anerkannt, sondern im Gegenteil, als Fazies einer Senke im Bereich des Kupferschiefermeeres gedeutet und diese Deutung begründet. Dabei werden verschiedene im Aufsatz von STEINBRECHER gemachten Bemerkungen kritisch beleuchtet. Insbesondere werden hierbei paläogeographische und sedimentpetrographische Fragen bei der Kupferschieferbildung und ihre Beziehung zur Metallogenese diskutiert.

Резюме

Автор дает свое воззрение на некоторые вопросы, возбужденные Б. ШТЕЙНБРЕХЕРОМ по седиментации в бассейне реки Заале в области восточного предгорья Гарца в период цехштейна 1 и 2.

Принятая ШТЕЙНБРЕХЕРОМ пороговая фация не признается, напротив, ее толкуют как фацию впадины внутри медисто-сланцевого моря и это толкование обосновывается. При этом критически освещаются разные данные в статье ШТЕЙНБРЕХЕРА. В частности обсуждаются роль палеогеографических вопросов и вопросов осадочной петрографии при образовании медистого сланца и их связь с металлогенией.

Summary

B. STEINBRECHERS report on the sedimentation in the Saaletrog in the eastern part of the Harzvorland during Zechstein 1 and 2 is reviewed.

The threshold facies supposed by STEINBRECHER is rejected and explained as facies of a depression in the Kupferschiefer sea, this interpretation is proved. Some remarks of STEINBRECHER are examined critically. Paleogeographical and sedimentpetrographical problems of the formation of the Kupferschiefer and its relations to the metallogenesis especially are discussed.

Literatur

GILLITZER, G.: Die Geologie der Erzanreicherung im mitteldeutschen Kupferschiefer. — Jb. d. Hall. Verb. f. d. Erforschung der mitteldeutschen Bodenschätze **15**, S. 9—28, Halle 1936.

KAUTZSCH, E.: Untersuchungsergebnisse über die Metallverteilung im Kupferschiefer. — Archiv f. Lagerstättenforschung **74**, Berlin 1941.

OELSNER, O. W.: Bemerkungen zur Herkunft der Metalle im Kupferschiefer. — Freiberger Forschungshefte C **58**, S. 106—113, Berlin 1959.

RICHTER-BERNBURG, G.: Geologische Gesetzmäßigkeiten im Metallgehalt des Kupferschiefers. — Archiv f. Lagerstättenforschung **73**, Berlin 1941.

SCHRÖDER, E.: Sedimentation und Tektonik im Jungpaläozoikum am östlichen Harzrand und in den Nachbargebieten. — Jb. d. preuß. geol. Landesanstalt **55**, S. 168—197, Berlin 1934.

STEINBRECHER, B.: Die Sedimentation im Saaletrog im Bereich des östlichen Harzvorlandes während des Zechsteins 1 u. 2. — Z. f. angew. Geol. Bd. 7, H. 9, S. 381—385, 1959.

Hauptversammlung 1959 der Gesellschaft Deutscher Metallhütten- und Bergleute (GDMB) in Lindau

GÜNTER PRATZKA, Berlin

Die Hauptversammlung wurde am 11. 9. 1959 vom Vorsitzenden der GDMB, Bergassessor a. D. KURT SPRIESTERSBACH mit einer Ansprache zum Gedenken des 100. Todestages des großen Wissenschaftlers Alexander v. Humboldt eröffnet.

Oberregierungsrat Dipl.-Ing. H. LÜERT vom Bundeswirtschaftsministerium in Bonn sprach über die Auswirkungen des Blei-Zink-Preissturzes in der westdeutschen Wirtschaft und über von der Regierung beabsichtigte Maßnahmen.

Der westdeutsche Metallerzbergbau war zu 100% der Baisse ausgesetzt und hatte eine Erlösminderung von 40% zu verzeichnen.

9 Gruben mit Aufbereitungen wurden stillgelegt. Die Belegschaften wurden um 35% reduziert. Auf die stillgelegten Betriebe entfallen 28% der Blei- und 9% der Zink-Erzeugung.

In der Förderung von Blei und Zink war von 1958 zu 1959 folgender Rückgang festzustellen

1958	71000 t Pb
	94000 t Zn
1959	54000 t Pb
	79000 t Zn

Der Metallverbrauch ist aber im II. Quartal 1959 gegenüber dem I. Quartal 1959 und dem II. Quartal 1958 um 6 bzw. 8% gestiegen.

Es soll sich bereits ein Erzkonzentratmangel bemerkbar gemacht haben.

Als Maßnahmen gegen weitere Betriebsstillegungen will die Bundesregierung Steuererleichterungen durch höhere Abschreibungen für bei geologischen Erkundungsarbeiten auf Erz und Kohle, aufgewendete Investmittel schaffen.

Der Vertreter des Bundeswirtschaftsministeriums sagte, daß es verfrüht sei, von einem Ende der Krise zu sprechen, wenn auch die Zink-Notierungen an der Londoner Börse etwas gestiegen sind. Bei Blei ist der Anstieg nur unwesentlich.

In der UdSSR sei der Pro-Kopf-Verbrauch an Blei und Zink stark angestiegen. Die gleiche Tendenz ließe sich aber auch in den unterentwickelten Ländern feststellen.

Der westdeutsche Anteil an den Blei-Zink-Weltvorräten beträgt mit 2,2 Mill. t Pb und 4,2 Mill. t Zn 6—7%. Diese Werte wurden erst neu ermittelt.

*

Auf der Hauptversammlung der GDMB wurden zahlreiche Fachvorträge gehalten und 8 verschiedene 1—2tägige Exkursionen durchgeführt. Die Vorträge, die die verschiedensten Fachgebiete berührten, waren in nur 2 Vortragsreihen: Fachkreis Lagerstättenkunde/Bergbau/Aufbereitung und Fachkreis Hüttenwesen zusammengefaßt.

So wurden z. B. in einer Vortragsfolge Geologen, Bergleute und Aufbereiter mit der Problematik der Rammelsberger Erze — angefangen bei der erzmikroskopischen Untersuchung bis zu den Schwierigkeiten bei der Aufbereitung — vertraut gemacht.

Auf einige der vielen Vorträge soll in den nachstehenden Ausführungen eingegangen werden, da sie viele neue Hinweise gegeben haben.

*

Dipl.-Ing. G. REHWALD (Bad Ems): Neue Ergebnisse erzmikroskopischer Untersuchungen

Die Anforderungen an Schliffgüte, Beobachtungsmöglichkeiten, richtige Bildwiedergabe usw. sind heute sehr hoch. In den vier Grundforderungen von VANDERBILT heißt es:

1. eine Schliffoberfläche ohne Relief,
2. einwandfreie Politur,
3. Kratzerfreiheit aller Mineralien beim fertigen Schliff,
4. keine Ausbrüche.

Durch eine verfeinerte Schleiftechnik sind die o. a. Forderungen in den meisten Fällen bereits zu erfüllen. Die Forderung: eine Schliffoberfläche ohne Ausbrüche ist nicht nur die wichtigste, sondern auch die am schwersten zu erfüllende Forderung.

REHWALD wies darauf hin, daß die Grenzflächen unbedingt bis zur Relieffreiheit auspoliert werden müssen, da gerade an den Grenzen Verwachsungen und Einlagerungen auftreten und diese leicht übersehen werden. Desgleichen müssen Ausbrüche, wenn sie auftreten, mit großer Sorgfalt beurteilt werden.

Zum Beispiel zeigte ein Kalkspatschliff bei sehr langer Politur, daß an Stelle der Ausbrüche 15 Mineralien der BiCoNi festzustellen waren. Trotz der winzigen Größe einzelner Mineralaggregate konnte die Probe dann genau eingeordnet werden.

Zahlreiche Lichtbilder von bisher nicht gekannter Deutlichkeit und Aussagekraft zeigten die beachtliche Verbesserung der Schliffgüte und die sich daraus ergebende Fülle neuer Beobachtungsmöglichkeiten. Schon die wenigen angeführten Untersuchungsbeispiele zeigten, daß in der Lagerstättenkunde und Mineralogie einige Kapitel überarbeitet bzw. neu geschrieben werden müssen.

Für Untersuchungen in der Technik, besonders in der Aufbereitungstechnik, müssen an die Schliffgüte die höchsten Anforderungen gestellt werden.

Das Einbetten in Bakelit oder in Gußharzen mit Bakelitringen ist zu verwerfen, da es zu Kataklasen in der Erzprobe führt. Zur Zeit seien rechteckige Formen mit schmalen Rändern in der Erprobung.

Die zerstörende Tiefenwirkung der Schleifmittel geht mit der Korngröße und der Ölspülung zurück. Ein Schleifmittelkorn von 1 Mikron hat eine Tiefenwirkung von 1 Mikron. Bei größerem Schleifkorn erreicht die zerstörende Tiefenwirkung die 10fache Korngröße.

Während eine weitere wesentliche Verbesserung der Schliffqualität nicht mehr möglich sein dürfte, bleibt die schnellere Herstellung hochwertiger Anschliffe wünschenswert.

Es wurden bereits hochwertige Anschliffe von 80 mm Durchmesser hergestellt. Damit ergibt sich die Möglichkeit, ganze Gangabschnitte durchmustern zu können.

An die optische Industrie geht die Forderung nach einem größeren Bild und größeren Ausleuchtungsmöglichkeiten.

Wichtig ist die Anfertigung von Farbdias und Schwarzweißaufnahmen als Mustervergleiche, da sich die Oberflächen von Anschliffen verändern, besonders beim Nachpolieren.

Zur Zeit arbeiten Prof. Dr.-Ing. A. MAUCHER aus München sowie der Vortragende an einer „Bildkartei der Erzmikroskopie", deren 1. Serie bereits fünfsprachig erschienen ist und sehr schön die wertvollen Forschungsergebnisse veranschaulicht.

Während REHWALD über die Schliffschwierigkeiten und Untersuchungsergebnisse bei Material der verschiedensten Mineralparagenesen berichtete, behandelte Dr.-Ing. E. KRAUME (Goslar): Die Verwachsung des Rammelsberger Reicherzes. Die Ausführungen wurden an Fotos von Körnerpräparaten erläutert. Das Erz hat eine sehr feinkörnige und vielgestaltige Struktur. Die Hauptkomponenten des Rammelsberger Reicherzes sind Zinkblende, Schwefelkies, Bleiglanz und Kupferkies. Als Gangart tritt besonders Schwerspat auf. Quarz, Serizit und Kalkspat haben geringe Bedeutung. Die zahlreichen Diagramme der Auswertung der Körnerpräparate des zerkleinerten Rohgutes ließen erkennen, daß bei 75 μ die Gangart aufgeschlossen und an der innigen Verwachsung nicht beteiligt ist. Zwischen Bleiglanz, Kupferkies und Zinkblende besteht die innigste Verwachsung. Die Komponenten verlangen eine Feinheit im Aufschlußgrad bis 20 μ, dabei sind aber die Kupferkieseinlagerungen in der Zinkblende mit 5 μ noch nicht aufgeschlossen. Sie werden als unaufschließbar bezeichnet. Die Auswertung der Präparate ergab, daß die Komponenten Bleiglanz, Kupferkies und Zinkblende zu einem Teil im Korn wesentlich größer als 20 μ sind. Schwefelkies hat ein größeres Korn und ist bei 60 μ bis auf die sogenannten vererzten Bakterien freigelegt. Die hohe Feinkörnigkeit verschiedener Komponenten sowie die komplizierten Verwachsungsverhältnisse machen bei der Aufbereitung der Roherze die Anwendung besonderer Zerkleinerungs- und Flotationsverfahren notwendig.

Dr.-Ing. M. CLEMENT (Goslar): Die Eigenart des Rammelsberger Aufbereitungsverfahrens auf Grund von Gefüge und Beschaffenheit der Erze.

Die Aufbereitung muß mit einer ständig wechselnden Roherzaufgabe rechnen. Es wird unterschieden zwischen dem spezifisch schweren Reicherz und dem schieferhaltigen Banderz. Während für das Reicherz ein einstufiger Mahlkreislauf ausreicht, ist bei den Banderzen ein dreistufiger Kreislauf notwendig. Von der letzten Stufe, dem Überlauf des Klassierzyklons, geht das Material zur Flotation. In der Vor- und Nachflotation erhält man von der PbCu- und Zn-Stufe Konzentrate, Mittelprodukte und Abgänge. Durch Abnahme des Buntmetallgehaltes und Zunahme der Pyritkomponente im Roherz haben die Mittelprodukte der Flotation erheblich zugenommen. 90% des Materials muß kleiner als 40 μ aufgeschlossen werden. Auf Grund der feinen Verwachsung lassen sich die Rammelsberger Erze in den Konzentraten nicht so hoch anreichern wie andere bekannte Erze. Die werkseigenen Hütten sind auf diese spezifischen Merkmale eingestellt. In der Aufbereitung strebt man metallarme Berge und ein hohes Ausbringen in den Konzentraten an, da sich die Erze nicht restlos aufschließen lassen. Erzsorten, die sich im Gefüge unterscheiden, müssen getrennt aufbereitet werden. Ohne intensive Aufbereitung sind die Erze nicht wirtschaftlich verwertbar.

Dr. Ing. E. TANNER (Marl/W.): Die Herstellung von Baustoffen aus Flotationsbergen

Flotationsberge der Erzaufbereitungen können wegen ihres hohen Kieselsäuregehaltes und der Gleichmäßigkeit ihrer Qualität zur Herstellung von Baustoffen geeignet sein. Blei-Zinkerz-Aufbereitungsrückstände der Gewerkschaft Auguste Victoria bei Marl i. W. sind seit 1952 die Basis zur Herstellung von hochwertigen Mauersteinen aus Filterbergen. Für Bau- und Isolierzwecke können aus eingedickten Flotationsschlämmen normgerechte Leichtbetone hergestellt werden.

Flotationsberge können auch als nützliche Zuschlagsstoffe verwendet werden, wenn z. B. Sande, Schlacken oder Aschen als Ausgangsstoffe verwendet werden.

Die das Baugefüge bestimmende Hydrosilikatbildung erfolgt durch Sattdampf in sogenannten Härtekesseln. Kalk dient als Bindemittel und kann durch Zementzusatz verbessert werden.

Da die Herstellung derartiger Baustoffe einen größeren Aufwand an technischen Versuchen notwendig macht, sind Anlage- und Betriebskosten nur günstig, wenn in der näheren Umgebung der Betriebsanlage entsprechende Absatzmöglichkeiten vorhanden sind.

*

Abschließend sei darauf hingewiesen, daß über die im Rahmen dieser Fachtagung durchgeführten Exkursionen (spez.: Befahrung der Eisenerzgrube Karl in Geislingen/Steige) in einem der nächsten Hefte dieser Zeitschrift berichtet wird.

Lesesteine

Vom „Lesestein"

Wir nennen unsere Rubrik, in der wir Informationen und Glossen bringen, die wir am Rande der angewandten Geologie gefunden haben, „Lesesteine". Es sind gelegentliche Funde, die wir wie im Gelände auf dem Acker als Lesesteine aufgesammelt haben.

Es gibt aber noch einen anderen Lesestein. Über ihn berichtet G. Eis in „Forschungen und Fortschritte" 33 (1959), S. 278, unter dem Titel: „Vom Lesestein und der spätmittelalterlichen Literatur." Danach hat der im 11. Jahrhundert lebende Araber ALHAZEN als erster erkannt, daß das Sehen durch Strahlen bewirkt wird, „die von den einzelnen Punkten des Gegenstandes ausgehen, sich geradlinig fortpflanzen und ungebrochen die durchsichtigen Augenteile durchdringen". Er gab in seinem Buch „Schatz der Optik" auch die erste Beschreibung des Lesesteines. Es ist dies ein durchsichtiger Stein, meist ein Bergkristall oder Beryll sowie auch Glas von der Form einer plankonvexen Linse. Auf das Buch aufgesetzt, vergrößert der Lesestein die Schrift und ermöglicht es, Buchstaben zu lesen, die mit freiem Auge nicht erkennbar sind.

In Europa gab zuerst der englische Mönch ROGER BACON (1214 bis 1294) eine ausführliche Beschreibung des Lesesteines, weshalb man ihm auch die Erfindung der Augenbrille zuschrieb. In einer aus dem 13. Jahrhundert stammenden Sandsteinplastik der Konstanzer Basilika ist ein Apotheker dargestellt, der in der linken Hand eine Lupe, in der rechten einen Salbentiegel mit einer Spachtel hält.

Der Schritt vom Lesestein, den man auf die Schrift legt, und von der Lupe, die man zwischen Auge und Objekt hält, zur Erfindung der Brille war nicht groß. Die ersten Brillengläser wurden wahrscheinlich im 13. Jahrhundert in Murano bei Venedig hergestellt. Bis zur Mitte des 15. Jahrhunderts gab es nur Brillengläser für Weitsichtige, Gläser für Kurzsichtige werden zum ersten Male von NICOLAUS VON KUES (1401 bis 1464) in seiner Schrift „Über den Beryll" erwähnt.

Die Einführung des Lesesteins und der ihm folgenden Brille hat eine erhebliche Wirkung gehabt. Sie ermöglichten es, daß nunmehr auch die Menschen, die früher wegen Schwachsichtigkeit auf das Lesen verzichten mußten, hellsichtiger wurden. Auch unsere Lesesteine sollen es ebenso wie die Lupe und die vom Beryll abstammende Brille ermöglichen, gelegentlich im Blätterwald zu findende abwegige Stellungnahmen und Schlußfolgerungen im richtigen Licht zu zeigen, Vorurteile zu überwinden, um so den Weg des Fortschritts klar zu erkennen und ihn schließlich selbst beschreiten zu können. E.

„Privatisierte" Preußag

Im Jahre 1923 war vom Land Preußen die Staatliche Preußische Bergwerks- und Hütten-AG (Preußag) ins Leben gerufen worden. Nach Stillegung der Betriebe Barsinghausen (Wealdenkohle) und Mechernich (Bleierz) fand am 28. 4. 1959 „in aller Stille, unbemerkt von der Öffentlichkeit" die Hauptversammlung der inzwischen zum Privatbetrieb umgewandelten staatlichen Gesellschaft statt. Es wurden wie früher 7% Dividende für das Jahr 1958 ausgeschüttet.

Folgende Produktionszahlen gab man bekannt:

	Einheit	1955	1956	1957	1958
Steinkohle	1000 t	2477	2496	2256	2197
Erdöl	1000 t	336	367	415	440
Erdgas	Mio m³	11	17	19	17
Bohrungen	1000 m	96,6	90,6	82,3	89,9
Kali	1000 t	76,7	81,9	83,6	80,2
Blei	1000 t	68,2	68,5	70,5	59,0
Zink	1000 t	76,3	81,4	84,4	84,5

Bei den Abstimmungen der Versammlung, an der zunächst viele Kleinaktionäre teilgenommen, aber vor Beendigung die Veranstaltung verlassen hatten, repräsentierten die Kreditinstitute nicht weniger als 96,4% der stimmberechtigten Aktien. „Bei dieser Sachlage", schreibt das „Wertpapier" Düsseldorf am 15. 7. 1959, „waren alle Abstimmungen in der Hauptversammlung in ihrem Ergebnis feststehend und unabänderlich." Die „Volksaktionäre" beanstandeten, daß ihnen durch die nicht rechtzeitige Bekanntgabe der Einladung zur Hauptversammlung, der Tagesordnung sowie der von der Verwaltung vorgeschlagenen Liste die Möglichkeit genommen worden sei, eigene Wahlvorschläge vorzulegen.

Selbst der schwerindustrielle „Industriekurier" Düsseldorf, Nr. 98 vom 27. 6. 59, gibt zu: „Bei der Abstimmung über 6 Listen mit jeweils 10 Kandidaten für den neu zu wählenden Aufsichtsrat entfielen von 340083 Gesamtstimmen 332368 und damit die überwiegende Mehrheit auf den von den Kleinaktionären stark kritisierten Vorschlag der Preußag-Verwaltung."

So sitzen nun wie früher im Aufsichtsrat der „Volksaktionäre" Vorstandsmitglieder der Deutschen Bank, der Commerzbank, der Niedersächsischen Landesbank Girozentrale, der Badischen Anilin- und Sodafabrik, der Vereinigten Elektrizitäts- und Bergwerks-AG. usw. Die fünf in den Vorstand gewählten Arbeiter, Hauer und Hüttenwerker geben kümmerliche Statisten im Kreis der schwerindustriellen Gefolgsleute und der Paladine des christlich-demokratischen Bonner Regimes ab. Sie werden unter deren Einfluß nichts ausrichten und keine Erfolge für die kleinen „Volksaktionäre" erringen können, die so oder so, früher oder später, von den großen Geldhaien verschluckt werden, falls sie sich nicht zu Aktionen aufraffen, die ihnen ein Leben in einer neuen und besseren Gesellschaftsordnung garantieren. e

Bittere Lektion

„Daß der Assuan-Hochdamm gebaut wird, alle Besserwisser mit ihren Auffassungen also gescheitert sind, ist nunmehr Tatsache geworden", klagt unter obiger Überschrift das Düsseldorfer Handelsblatt unterm 3. 7. 1959.

Was ist geschehen? Die Behörden der Vereinigten Arabischen Republik haben den umgearbeiteten sowjetischen Entwurf für den Bau des Assuan-Hochdammes akzeptiert, da sich durch ihn die Kosten für die erste Baustufe um rd. 70 Mill. DM verringert haben. Die westlichen Experten hatten drei Gegenvorschläge ausgearbeitet. Aber die Ägypter entschlossen sich für das sowjetische Projekt. Hierzu meint das „Handelsblatt":

„Die den Russen zugefallene erste Baustufe umfaßt die Nilumleitung und zwei Kofferdämme, die dafür sorgen, daß die Wasserführung für das Kraftwerk das ganze Jahr hindurch ausreicht. Gegen die von den Russen vorgeschlagene Art, die Kofferdämme auszuführen, wandten sich die internationalen Experten mit dem Hinweis, sie sei zu gewagt. Bei ihren technischen Überlegungen und Vorschlägen haben die russischen Ingenieure vielfach andere Ausgangspositionen und Erfahrungen als der Westen. So weit geht ihr Ansehen bei den Ägyptern jedoch, daß diese ihre Art Dammausführung akzeptierten, und zwar gegen die Meinung der internationalen Experten."

„Assuan ist nun einmal für alle Entwicklungsländer das Musterbeispiel großzügiger Hilfe in einem politisch neutralen Land. Sie sind stark davon beeindruckt, daß die Russen nunmehr die erste Runde gewonnen haben. Sie waren es früher schon durch den russischen Sputnik und werden es noch mehr sein, wenn später jeder Ägypter täglich 100 g Brot mehr erhält. Denn diese Lebensfrage im Niltal ist auch ihre eigene. Durch den Assuan-Hochdamm wird die Anbaufläche Ägyptens um die Hälfte erhöht, wird die Voraussetzung für zahlreiche neue Industrien gegeben."

E.

Gegen Ruß und Rauch

Die Atmosphäre kann in Städten und Industriezentren, die über eine moderne Energiebasis verfügen, ruß- und rauchfrei erhalten bleiben. Anders ist es dort, wo vorwiegend Kohlen verfeuert werden. Im Winter 1952 kamen allein in London an 4 Dezembertagen über 10000 Menschen qualvoll um, weil sie im Nebel, der durch Kohlenstaub, Ruß, Flugasche und schwefelhaltige Abgase verseucht war, erstickten. Man hat festgestellt, daß in England gegenwärtig 30mal soviel Menschen an Bronchialkatarrh und anderen Erkrankungen der Atmungsorgane sterben als vor einem halben Jahrhundert. 1958 verlor die Volkswirtschaft Großbritanniens durch solche Erkrankungen 30 Mio Arbeitstage. Monatlich fallen auf jeden Quadratkilometer des Landes 4 Tonnen Ruß und Aschenteilchen nieder, in den Großstädten und Industriezentren bis zu 50 t.

1957 wurde vom englischen Parlament das Gesetz zur Reinhaltung der Luft verabschiedet. Auch in der Wahlpropaganda aller englischen Parteien spielte im Herbst 1959 die weitere Durchführung der Luftreinigung eine große Rolle. Es wurde gefordert, man müsse nach Ablauf von 3 Jahren in England wieder frei atmen können. Rauchverzehrer sollen in die häuslichen Kamine eingebaut und nach Möglichkeit rußfreie Kohle verfeuert werden. Wo es möglich ist, soll die Kohle durch Gas, Elektrizität oder Öl ersetzt werden.

Nach „Przeglad Techniczny" Nr. 35 (1959) ist auch in Polen beschlossen worden, in Gorny Slask die Verunreinigung der Luft im Verlauf der nächsten 2 Jahre um 50% zu senken. Dort führen die Eisen- und Stahlwerke des Industriegebietes der Atmosphäre jährlich 141000 t Staub zu. Dabei ist die Verseuchung der Luft durch die Elektrizitätswerke und Gruben noch größer. Auch in diesem Land haben eingehende Untersuchungen ergeben, daß die Ursache vieler Erkrankungen im Einatmen von Ruß und Flugasche zu suchen ist. Die Bestrebungen zur Herabsetzung der Verunreinigung der Atmosphäre werden in Polen auf Landesebene koordiniert und gesetzlich geregelt werden.

E.

Besprechungen und Referate

WELLER, J. M.

Compaction of Sediments

Bull. Am. Ass. of Petr. Geol. Vol. 43, Nr. 2, 1959

Die Erforschung der theoretischen Beziehungen zwischen der Packungsdichte von Sedimenten und ihrer Versenkungstiefe ist das Ziel dieser Untersuchungen. Überblickt man die darin enthaltenen 16 Diagramme, in denen die Relationen von Porosität, Schichtdicke, auflastendem Druck, Versenkungstiefe, Packungsdichte in Kurven angegeben sind, sowie die Systeme von Gleichungen, nach denen diese Kurven berechnet sind, so könnte man unter dem imponierenden Eindruck einer solchen Fülle von mathematisch basierten quantitativen Angaben meinen, daß die sehr komplizierten Strukturprobleme der Sedimente nunmehr im wesentlichen gelöst sind. Der Zweifel regt sich alsbald, ob auch die Voraussetzungen ganz stichhaltig und alle mitwirkenden Faktoren berücksichtigt sind. Der Verfasser ist sich jedoch der Berechtigung dieses Zweifels sehr wohl bewußt. Er macht selbst viele Einschränkungen hinsichtlich der Verläßlichkeit der Voraussetzungen und damit auch der Ergebnisse und hat keineswegs ein mathematisches Blendwerk im Sinne. Er betont vielmehr, daß der Aufstellung eines Systems, wonach man die Geschichte einer sedimentären Formation vom Niederschlag der Sedimente an rekonstruieren könnte, große Hindernisse entgegenstehen. Man müßte zuvor den Senkungsbetrag eines Beckens kennen, der durch die Mächtigkeit der gepackten Schichten nicht angezeigt werde, müßte wissen, in welchem Maße der Vorgang der Packung die weiteren Niederschläge beeinflußt habe, und ferner das Maß der stattgefundenen Erosion schätzen können. In Ermangelung solcher Daten habe die theoretische Untersuchung erst die ganze Komplexität der Vorgänge der Pakkung enthüllt und eine Serie unerwarteter Probleme von großer Tragweite aufgezeigt. Als das Hauptergebnis seiner Bemühung bezeichnet er schließlich sogar den Nachweis, wie wenig über die gewöhnlichsten Sedimente und Gesteine bekannt ist. Trotz alledem haben die Diagramme ihren Wert. Auf der Grundlage der heute verfügbaren Daten sowie vernünftig erscheinender Voraussetzungen bestimmen sie nämlich, wie der Verfasser sagt, gewisse theoretische und vielleicht auch praktisch gültige Grenzen, die für die Schlußfolgerungen aus weiteren Forschungsdaten und die daraus erwachsenden Theorien von Nutzen werden könnten.

Bei Sand und Sandstein bestehen keine verläßlichen Relationen zwischen Porosität und Senkungstiefe, weil 1. die Anfangsporosität viel geringer ist und 2. die Packung hauptsächlich durch intergranulare Lösung erfolgt, worauf die intergranulare Zementierung die Struktur härtet. Bei Kalkstein ist zwar die Anfangsporosität größer, aber es ist wenig Packung erkennbar. Die Konsolidierung scheint durch intergranulare Zementierung in einem frühen Stadium zu erfolgen, in welchem das Sediment nur geringem Belastungsdruck unterworfen ist.

Bei organischem Material, z. B. Kohle, erfolgt die Verdichtung durch die Eliminierung der Porosität sowie durch Substanzverlust auf Grund von biochemischem Zerfall und chemodynamischem Metamorphismus. Bei Kohle führt die Verdichtung zur Bildung größerer und komplexerer Moleküle (Polymerisation), bei Öl und Erdgas zur Bildung kleinerer und einfacherer Moleküle. Entscheidend ist wahrscheinlich der Typ des Zerfallvorgangs bald nach dem Niederschlag der Sedimente. Bei Kalkstein und organischen Sedimenten ist, wie der Verf. abschließend sagt, unser Mangel an Kenntnis der Vorgänge am größten. HAVEMANN

AMSTUTZ, G. C.

Syngenese und Epigenese in Petrographie und Lagerstättenkunde

Schweiz. Min. Petr. Mitt. Bd. 39, 1959, Sonderdruck aus den USA, S. 1–84

Der Autor, der an der Fakultät für Bergbau und Metallurgie der Universität von Missouri, Rolla/USA, seine Lehrtätigkeit ausübt, vertritt einseitig syngenetische Ansichten. Nach seiner Definition werden als syngenetische Gesteinspartien oder Mineralien diejenigen bezeichnet, die gleichzeitig mit ihren Gastgesteinen entstanden sind. Aber „für Sedimente umfaßt die Syngenese die Sedimentation, die Verfestigung oder Diagenese und unter anderem auch frühe Brekzienbildung oder Erosion und Wiederverfestigung durch unmittelbar darüberliegende Lockersedimente". Nach dieser zweiten Definition werden also Vorgänge, die sich Millionen von Jahren nach dem Absatz eines Sedimentes abspielten, als „syngenetisch" bezeichnet.

Der Verfasser stellt folgendes Schema auf, das die vier grundsätzlichen, einfachen Möglichkeiten der Genese eines Gesteinskörpers oder einzelner Teile davon, z. B. einer Erzlagerstätte, umfaßt:

A) syngenetisch	I) supergen
B) epigenetisch	II) hypogen

Statt supergen bzw. hypogen kann man auch autigen oder allothigen sagen, „wenn es sich darum handelt, den Ort der Mineralbildung festzulegen (z. B. bei Albiten oder Pyrit-Golderzen in Sedimenten)". Als sichere Beispiele werden genannt zu A I): Seifenlagerstätten; zu A II): Schwefel-Gips-Pyrit-Lagerstätten an Vulkanen; zu B I): Eiserne-Hut-Bildungen und Zementationszonen im Grundwasserbereich; zu B II): viele Erzgänge in Intrusiva.

Unter den in Sedimenten auftretenden Lagerstättengruppen, für die der Autor jegliche epigenetische Bildungsmöglichkeiten ablehnt und sich für syngenetische Entstehung nach seinen Definitionen einsetzt, seien hervorgehoben: Kupferschiefertyp, Uranlagerstätten vom Colorado-Plateau-Typ, Pyrit-Uran- und Pyrit-Uran-Gold-Lagerstätten vom Typ Blind River und Witwatersrand, Lagerstätten vom Typ Meggen, Rammelsberg, Mississippital usw. Das Hornstein-Problem und Lagerstätten in karbonatischen Gesteinen werden besonders behandelt. Je ein Kapitel ist den Lagerstätten in intrusiven und extrusiven Gesteinen gewidmet.

Der Autor ist der Ansicht, daß sich durch weitere Studien der Schwerpunkt der Erzgenese von epigenetisch-hydrothermal auf „syngenetisch-hydrothermal" verschieben wird. Dann geht er so weit: „Die Epigenese bietet vermutlich einen gewissen Ersatz für religiöse, metaphysische Betätigung der Seele, welche, zum Teil als Folge der Aufklärung, unmodisch geworden war (S. 72)." In wissenschaftlicher Hinsicht kommt er zu dem Schluß, daß „für Lagerstätten in Sedimenten sedimentärer, in Intrusiva magmatischer (oder vielleicht gelegentlich auch migmatischer) Ursprung angenommen wird und in metamorphen Gesteinen der jeweilige Ursprung des metamorphen Gesteins" (S. 73). Hiernach würde z. B. ein Erzgang in Karbonsedimenten „syngenetisch-hydrothermalen" Ursprungs sein, auch wenn er sich im Mesozoikum gebildet hat. X.

CLAYTON, R. N. & DEGENS, E. T.

Use of carbon isotope analyses of carbonates for differentiating fresh-water and marine sediments

Bull. AAPG, V. 43 (1959), Nr. 4, S. 890–897

Zur Bestimmung der geochemischen Umgebung eignet sich neben dem Isotopenverhältnis O^{18}/O^{16} auch das Verhältnis

C^{13}/C^{12}. Im Seewasser ist das Sauerstoffverhältnis O^{18}/O^{16} mit einem Streubereich von 2‰ sehr konstant. Bei Süßwasser ist das Verhältnis wegen der größeren Flüchtigkeit von H_2O^{16} merklich kleiner um 7 bis 30‰ je nach Klimabereich. Das Isotopenverhältnis des Wassers reguliert nun auch die Isotopenverhältnisse der in ihm niedergeschlagenen Stoffe. Zum Nachweis wurden 32 Karbonatproben, 8 Sandsteine und 12 Tonschiefer, devonisch bis rezent, untersucht. Das CO_2 wurde mit Phosphorsäure freigemacht und mit Massenspektrometer untersucht. Als Kennwert wurde eine Zahl $\delta\, C^{13}$ gegen ein Standardmuster bestimmt, welche definiert ist:

$$\delta\, C^{13} = \left(\frac{R}{R_{St}} - 1\right) 1000$$

wobei R = Isotopenverhältnis C^{13}/C^{12} in der Probe, R_{St} im Standardmuster ist. Für marine karbonatische Gesteine ergab sich $\delta\, C^{13}$ im Durchschnitt zu $-1{,}54$ (Streubereich $-0{,}1$ bis -4), für nichtmarine $-6{,}66$ (Streubereich $-2{,}5$ bis $-17{,}7$). Bei Sandsteinen sind für marine Gesteine Werte zwischen -8 und $+6$ gemessen, für Süßwasserablagerungen -8 bis -11. Bei tonigen Gesteinen kommen stärkere Überlappungen vor. Parallel dazu gehen auch die Werte $\delta\, O^{18}$. Bemerkenswert ist, daß für marine Gesteine allgemein der Streubereich kleiner ist als bei Süßwassergesteinen, welche eine größere Variabilität zeigen. Außerdem muß bei Süßwasserablagerungen sandiger und toniger Art entschieden werden, ob der Kalkgehalt nicht etwa detritisch oder epigenetisch ist. Dieser Nachweis dürfte nicht immer leicht zu führen sein.

MEINHOLD

HARDY, H. W.

Continuous velocity logger yields excellent results

World Oil, V. 148, Nr. 5 (April 1959), S. 111—117, 137, 10 Abb.

Bericht über die Anwendung der Akustiklogs für verschiedene Probleme mit entsprechenden Beispielen. Neben den Intervallgeschwindigkeiten für die seismische Interpretation liefert die Methode ein quantitatives Maß für die Porosität mit einem höheren Auflösungsvermögen, als es die Gamma-Neutronen-Kurve geben kann. Da die Art der Porenflüssigkeit einen geringeren Einfluß auf die Geschwindigkeit hat, ist die Porositätsbestimmung auch leichter möglich als aus elektrischen Messungen sowie aus Mikrologmessungen, wo ja das Material des Filterkuchens die Genauigkeit mildert. Allerdings sollte zur weiteren Interpretation stets eine Widerstandskurve herangezogen werden, um zu entscheiden, ob die Lithologie oder die Porenflüssigkeit für die Ausbildung der Kurven entscheidend ist. Höherer Widerstand und gleichzeitig höhere Geschwindigkeiten zeigen dichtes Gestein, man wird also keine Horizonte mehr testen allein auf Grund von Widerstandserhöhungen, welche man sonst auf Ölfüllung der Poren zurückführen könnte. Permeabilitätswerte müssen allerdings aus anderen Methoden (SP, Mikrolog) gewonnen werden, da ja nur die absolute Porosität bestimmbar ist. Wichtig sind Erfahrung und Kernuntersuchungen, um Änderungen der Lithologie und der Porosität auseinanderzuhalten. Die besten Ergebnisse geben Gesteine zwischen 5 und 30% Porosität. Forschungsarbeiten in dieser Richtung müssen noch geleistet werden, aber schon heute ist das Akustiklog zusammen mit anderen Methoden eine wertvolle Hilfe für den Erdölgeologen.

MEINHOLD

OFFICER, CH. B.

Continuous seismic profiler aids marine exploration

World Oil, V. 148, Nr. 5 (April 1959), S. 107—110, 4 Abb.

Das beschriebene Gerät, der „Sparker", arbeitet ähnlich wie das „Sonoprobe"-Gerät, ähnelt in seiner Arbeitsweise also einem Echolot. An Stelle einer Explosion wird aber ein Funken von 10000 V unter Wasser gezündet, der in seiner Energie etwa einer Sprengkapsel entspricht. Pro Sekunde werden 4 Funken erzeugt. Als Empfänger dient ein einzelnes Hydrophon oder eine Serie. Sender und Empfänger werden zur Geräuschminderung hinter dem Beobachtungsboot geschleppt. Auf dem Boot befindet sich der Verstärker mit dem üblichen Regelmechanismus und die Registriereinrichtung. Das Schiff fährt mit einer gleichmäßigen Geschwindigkeit von 3 bis 8 Knoten. Da ein genügend großer Anteil der Energie von niedriger Frequenz ist, wird mit 100 bis 500 Hertz gefiltert. Bei günstigen Verhältnissen (geringe Energieabsorption, niedriger Geräuschpegel) können Tiefen bis über 300 m unter Seeboden erreicht werden. Die aufgenommenen Reflexionsseismogramme werden als Streifen variabler Dichte nebeneinander aufgezeichnet, so daß ein kontinuierliches seismisches Profil entsteht. Als Beispiele sind zwei Profile abgebildet, eins über einem untermeerischen Salzstock und eins über Faltenstrukturen. In weltweiter Erprobung hat das Gerät seine Brauchbarkeit bewiesen, auch für ingenieurgeologische Zwecke verschiedener Art.

MEINHOLD

BOIGK, H.

Die westdeutsche Erdöl- und Erdgasexploration im Jahre 1958

„Erdöl und Kohle", Heft 6, 1959, Seite 457—464

Im Vordergrund stand die Untersuchung der Strukturen und Speicher des nordwestdeutschen Sedimentationsraumes. Sie umfaßte sowohl Teile des Troges mit mächtigeren Sedimenten als auch Randgebiete mit reduzierter Entwicklung der Ablagerungen. Mehrere Bohrungen erkundeten die ölgeologischen Verhältnisse im Raume der „Pompeckjschen" Scholle. Der bedeutendste Erfolg war der Nachweis einer ölführenden Faziesfalle im auskeilenden Bentheimer Sandstein östlich der Ems (Bramhar-Wettrup). Außerdem war der Fund einer neuen Diskordanzlagerstätte am Ostrand des ostholsteinischen Dogger-Troges (Plön-Ost) bemerkenswert. Besonders günstig verlief die Zechsteinexploration, die zur Entdeckung von zwei Gaslagerstätten im Hauptdolomit führte (Kalle, Deblinghausen). Zwei Aufschlußbohrungen wurden im Gifhorner Trog ölfündig. Diepholz rückt nach Aufnahme der Förderung in die Reihe der Felder ein. Von 32 Bohrungen, die 1958 im Gebiet zwischen Elbe und Weser mit unterschiedlicher Zielsetzung niedergebracht und beendet wurden, waren zwei fündig. Sie führten zur Entdeckung der Ölfelder Knesebeck-Dogger und Wesendorf-Süd.

Öl- und Gasfunde 1958

Gebiet	lfd. Nr.	Fundbohrung (Öl oder Gas)	Prod.-Horizont
Nördl. d. Elbe	1	Plön-Ost Dogger 1 (Öl)	Dogger β-Hauptsandstein
Zwischen Elbe und Weser	2	Knesebeck Dogger 2 (Öl)	Dogger β-Sandstein
	3	Wesendorf-Süd 4 (Öl)	Dogger β-Sandstein
Zwischen Weser und Ems	4	Wettrup 2 (Öl)	Bentheimer Sandstein (Valendis)
	5	Bramhar 2 (Öl)	Bentheimer Sandstein (Valendis)
	6	Diepholz 4 (Öl)	Wealden
	7	Deblinghausen Z 1 (Gas)	Hauptdolomit
Westl. d. Ems	8	Kalle 1 (Gas)	Hauptdolomit
Oberrheintal	9	Frankenthal 1 (Gas)	Obere Hydrobienschichten
	10	Hofheim 3 (Öl)	Pechelbronner Schichten
	11	Offenbach 1 (Öl)	Cyrenenmergel
	12	Neureut 4 (Öl)	Bunte Niederrödern-Schichten
Alpenvorland	13	Mönchsrot 2 (Öl)	Bausteinschichten
	14	Lauben 2 (Öl)	Bausteinschichten
	15	Dorfen 1 (Gas)	Rupel-Gassand
	16	Ödgassen 1 (Gas)	Ampfinger Sandstein
	17	Moosach 1 (Gas)	Lithothamnienkalk
	18	Wolfersberg 1 (Gas)	Lithothamnienkalk
	19	Mühldorf-Süd 1 (Gas)	Ampfinger Sandstein

Im Oberrheintal war die Bohrtätigkeit auf die Untersuchung des mittleren und nördlichen Grabenteils gerichtet. Es konnten drei neue Ölfelder bzw. -funde und ein neues Gasfeld entdeckt werden.

Die größten Erfolge konnten im Alpenvorland verzeichnet werden. Hier gelang es, zwei Öl- und fünf Gasvorkommen aufzufinden.

Die Suche nach neuen Lagerstätten erstreckte sich außerdem auf den Rotliegend-Trog der Saar-Nahe und auf Zechsteinobjekte im Raume des Solling, der hessischen Senke und des Schwäbisch-Fränkischen Jura. Die Suche blieb hier allerdings erfolglos. 1958 dienten besonders viele Bohrungen der Untersuchung des Zechsteins, von denen einige auch das Präsalinar erkundeten.

Die Zahl der produzierenden Ölfelder (-funde) war 1958 auf 85 angestiegen. 16 Gasfelder befanden sich bis zu diesem Zeitpunkt in Ausbeutung. DRESSEL

STRAWINSKI, R. J. & W. B. COX

Microbes locate gas production in field test

World Oil, July 1959, S. 93, 1 Abb.

Kurze Notiz und Ergebniskarte einer Erkundung mit mikrobiologischen Methoden über einer seismisch erkundeten Struktur. Struktur und Bohrergebnis vorhandener Bohrungen waren bei Erkundung und Interpretation nicht bekanntgegeben worden. Vergleich mit den Ergebnissen zeigt, daß die fündigen Bohrungen auf Anomalien der mikrobiologischen Versuchsprofile liegen. MEINHOLD

MEINSCHEIN, W. G.

Origin of Petroleum

Bull. AAPG, V. 43 (1959), Nr. 5, S. 925–943.

Mit Hilfe moderner Analysenmethoden — Chromatographie, Ultraviolett- und Ultrarotanalyse sowie Massenspektroskopie konnte die Zusammensetzung der organischen Bestandteile in den Sedimenten untersucht und mit der der Erdöle verglichen werden. Marine Sedimente, Böden und Erdöl enthalten Alkane, Cykloalkane, Aromaten und Olefine von großer Ähnlichkeit. Von gesättigten KW kommen in den Sedimenten n-Paraffine, Seitenketten und Cykloalkane vor, wobei jedoch in den Sedimenten eine starke Bevorzugung der n-Paraffine mit ungeradzahligen C-Atomen im Bereich von 25 bis 35 Atomen erkennbar ist. Bei Paraffinen mit Seitenketten besteht kein Unterschied zwischen Sedimentbitumen und Erdölen. Das gleiche gilt für Cykloalkane, Triterpane u. a. Bei polycyklischen Aromaten bestehen gewisse Unterschiede zwischen Erdöl und dem organischen Material der Sedimente, in letzeren kommen weniger komplexe Verbindungen vor. Von den Olefinen kommen Sterene und Alkenylbenzole in beiden Stoffen in gleicher Art vor. 80% des Benzol-Methanol-Auszuges der Böden und Gesteine besteht aber aus Nichtkohlenwasserstoffen. Abgesehen von den Porphyrinen finden sich diese nicht im Erdöl. Alle genannten Stoffe sind aus Lebewesen abzuleiten, eine Ausnahme bilden die Aromaten. Die Spärlichkeit von Nichtkohlenwasserstoffen im Öl zeigt jedoch eine Selektion an, die Aromaten weisen auf starke Reduktion oder katalytische Prozesse, bei denen bakterielle Vorgänge eine große Rolle spielen. Die Muttersubstanzen des Erdöls sind nur ein kleiner Teil der gesamten organischen Substanz (Fette, Wachse, Öle etc.). Die Selektion wird durch Lösung in Wasser erklärt. Für die Verbindungen mit hohem Molekulargewicht ist die Löslichkeit geringer, deshalb erscheinen die ungeradzahligen Ketten nicht in derselben Bevorzugung im Erdöl wie im Sediment. Die komplexen Aromate im Erdöl werden ebenfalls auf Lösung im Wasser zurückgeführt. Nicht erklärt wird, warum die Nichtkohlenwasserstoffe (Zellulose, Lignin, Kohlehydrate, Proteine u. a.), die im Wasser leichter löslich sind als KW, nicht akkumuliert werden. Sie sollen sich in den Kohlen und Ölschiefern wiederfinden. Die Migration der KW findet als Emulsion oder als Tröpfchen im Wasser statt nach dem Mechanismus, den K. HUBBERT 1953 beschrieben hat. MEINHOLD

WOJNAR, K.

Die Kerngewinnung in mürben und lockeren Gesteinen

Przelad Geologiozny Nr. 10, 1958, S. 446–447

Beim Bohren in mürben und lockeren Gesteinen treten oft hohe Kernverluste auf. Ein hoher Kerngewinn hängt u. a. von folgenden Faktoren ab:

a) von der Gesteinsart,
b) von der Art der Kernbohrung (Druck der Bohrkrone auf die Bohrlochsohle, von der Umdrehungszahl je Minute, von der Durchflußgeschwindigkeit der Spülung),
c) von der Qualifikation der Bohrmannschaft,
d) von der geologischen Betreuung der Bohrung,
e) vom Entlohnungssystem,
f) von der Konstruktion des Kernbohrgerätes.

Der Bohrkern kann mit folgenden Kernfängern abgerissen werden:

a) durch Kernfangringe,
b) durch flache Fangfedern,
c) durch gefederte scharfe Greifer,
d) durch Kugelfanggeräte,
e) durch Doppelkernfänger.

Die aufgeführten Kernfängertypen haben mehrere Mängel:

a) Die Kernfänger besitzen die gleiche Umdrehungszahl wie die Bohrkrone und zerstören dadurch den Bohrkern.
b) Durch Ring, Greifer und Federn oder durch die Kugeln des Kernfängers wird die Mündung des unteren Kernrohrteiles nicht vollkommen abgeschlossen, wodurch die zerkrümelten Stücke des Kernes während des Hochziehens herausfallen.

Durch die Konstruktion eines mit Kugellagern ausgestatteten Kernfanggreifers ist es möglich, einen erheblich höheren Kerngewinn zu erzielen. Der Kernfänger besitzt folgende Vorzüge:

1. Dadurch, daß sich die Greifer des Kernfängers am Kern stützen und der Kernfangring Kugellager besitzt, kann durch den jetzt unbeweglichen Kernfänger der abgebohrte Kern nicht zerstört werden.
2. Nach dem Losreißen des Kernes wird die Mündung des Kernrohres durch den Kernfänger vollkommen geschlossen. Man kann Krümel und Stückchen des zerkrümelten Bohrkernes herausziehen.
3. Der Kernfänger und seine Greifer mit Federn werden nur wenig abgenutzt. Es werden Einsparungen erzielt, und die Nutzungsdauer eines Kernfängers wird verlängert.
4. Die Konstruktion des Kernfängers ist einfach, seine Arbeitsweise sicher und erfolgreich.

DRESSEL

ZIEHR, H.

Erfahrungen bei der Uranprospektion in Bayern

„Braunkohle" Nr. 5, 1959, Seite 181–189

Bei der Uranprospektion kommen geologische, geophysikalische, botanische, geochemische, mineralogische, chemische und physikalische Methoden zur Anwendung. Sie werden durch bergmännische Arbeiten ergänzt.

Da mit Geigergeräten und Szintillometern radioaktive Mineralien festgestellt werden können, besitzt die geophysikalische Prospektion die größte Bedeutung. Durch Spurennachweis von Uran und anderen Elementen im fließenden Wasser kann man Rückschlüsse auf den Urangehalt des vom Wasser durchflossenen anstehenden Gesteins ziehen. Bei Dunkelheit ist es möglich, verschiedene fluoreszierende Uranmineralien mit UV-Lampen nachzuweisen. Die Auswertung der im Gelände gesammelten radioaktiven Proben durch radiometrische und chemische Analysen erlaubt, quantitative Angaben über die Gehalte der gefundenen Urananreicherungen zu machen. Durch die Autoradiographie lassen sich radioaktive Partien erkennen. Bei der weiteren lagerstättenkundlichen Untersuchung werden erzmikroskopische und petrographische Methoden, wie Dünnschliffe und Anschliffuntersuchungen, angewandt. Interessante Urananreicherungen untersucht man je nach Vorkommen und Verhältnissen durch bergmännische Arbeiten (Schürfe, Bohrungen, Schurfschächte und Stollen).

Uranuntersuchungen im Gelände erfolgen im wesentlichen in drei Stadien. Im ersten Stadium erfolgt die Prospektion vom fahrenden Auto aus mit einem Szintillometer. Meßwerte, die 100% über dem Normalwert liegen, bezeichnet man als Anomalien und untersucht sie durch Orientierungsmessungen und Probenahme näher. Über das zu untersuchende Gebiet wird im zweiten Stadium ein Nord-Süd-

Uranpecherzkugeln (grauweiß) mit typischen Schrumpfungsrissen in einer Grundmasse von Quarz (Wölsendorf/Opf.)

gerichtetes Gitternetz gelegt, und an den Eckpunkten der Quadrate werden in 10 m Abstand die Messungen in 0,4 m tief geschlagenen Löchern durchgeführt. Die Ergebnisse werden maßstabgetreu auf einen Plan eingetragen. Zonen mit großer Radioaktivität stellt man durch besondere Farben dar. Hierdurch läßt sich die flächenhafte Ausdehnung und die Form der Anomalien gut erkennen. Nach den Gittermessungen werden in den meisten Fällen in 2 m Abstand um die Anomalie 0,80 m tiefe Löcher für weitere Szintillometermessungen gebohrt. Schürfe und Bohrungen sollen im dritten Stadium Auskunft über Größe, Ausdehnung und Bauwürdigkeit des Vorkommens geben. Entnommene Proben werden auf ihren Urangehalt und, wenn möglich, aufbereitungsmäßig im Labor untersucht. Kernbohrungen untersucht man durch Gammalogmessungen auf ihre Radioaktivität. Tiefe, Mächtigkeit und ungefähre Urankonzentration des durchteuften Gesteins lassen sich hierdurch angeben. Der Abstand der Orientierungsbohrungen beträgt 80 und 40 m, bei Verdichtungsbohrungen meist 10 m. DRESSEL

FEIGIN, L. M.

Eisenerzbasis für die Schwarzmetallurgie in Ostsibirien

„Gorny Shurnal" (Moskau) H. 4, 1959, S. 3—11

Zu den wichtigsten und größten Revieren mit erheblichen Vorräten an Eisenerz gehören das Angaro-Pitsker und Chakasko-Minusinsker Revier im Gebiet Krasnojarsk, das Angaro-Ilimsker Revier im Gebiet von Irkutsk u. a. Die Gesamtvorräte belaufen sich nach dem Stand vom 1. Januar 1958 auf rd. $5 \cdot 10^9$ t.

Das Angaro-Pitsker Eisenerzrevier mit 3 großen Lagerstätten (Unterangarsk, Ischimbinsk und Udorongowsk) ist eines der bedeutendsten Reviere. Allein die Vorräte der Unterangarsker Lagerstätte betragen rd. $1{,}3 \cdot 10^9$ t. Es handelt sich hauptsächlich um Hämatiterze mit einem Fe-Gehalt von 40,5%. Das Erz dieser Lagerstätte wird zunächst zu 35%, das sind rd. $440 \cdot 10^6$ t, im Tagebau gewonnen. Die Jahresförderleistung wird in der ersten Baustufe $12{,}5 \cdot 10^6$ t betragen und dann auf $22 \cdot 10^6$ t gesteigert werden.

Die bedeutendste Lagerstätte des Angaro-Ilimsker Reviers ist die von Korschunowsk mit $389{,}7 \cdot 10^6$ t Vorräten an Eisenerz mit 31,2% Fe-Gehalt. Diese Erze werden mit Anwendung des elektromagnetischen Naßverfahrens aufbereitet. Das Konzentrat verfügt über einen Fe-Gehalt von 61%. Die Leistung des Aufbereitungskombinats wurde für Trockenkonzentrat mit jährlich $4{,}95 \cdot 10^6$ t geplant.

Über einen hohen Fe-Gehalt verfügen auch die Erze der zu diesem Revier gehörenden Rudnogorsker Lagerstätte. Er beträgt im Mittel 43,2%. Die bilanzierten Vorräte dieser Lagerstätte belaufen sich auf rd. $260 \cdot 10^6$ t. Nach der Teufe zu werden die Vorräte auf $400 \cdot 10^6$ t vergrößert.

E.

KAWINSKI, ST.

Die polnische Aluminiumindustrie in den nächsten 7 Jahren

„Przeglad Techniczny" (Warschau) Nr. 11, 1959

Der Verfasser ist der Ansicht, daß Aluminium mengenmäßig in etwa 10 Jahren den ersten Rang unter den NE-Metallen einnehmen wird. Die Mitglieder des Rates für gegenseitige Wirtschaftshilfe wollen überall, wo es möglich ist, Aluminium an Stelle von Kupfer und Blei verwenden.

Die voraussichtliche Entwicklung zeigt die folgende Tabelle:

Weltproduktion	1939	1953	1955	1960	1965
Al (in 1000 t)	705	2450	3200	5000	8100
Stahl (in 1000 t)	136124	234575	250000	311000	400000
Al (in kg auf 1 t Stahl)	5,2	10,5	12,8	16,1	20,2

Die erste polnische Aluminiumhütte ist 1954 in Skawina in Betrieb genommen worden. Für die Produktion sollten nach ursprünglichen Erwägungen eigene Rohstoffe (Argillit und Schiefer) benutzt werden. Eine Analyse zeigte jedoch, daß die Kosten dieses unter schwierigen Bedingungen zu gewinnenden Rohstoffes etwa 450—500 Zl/t bei einem Al_2O_3-Gehalt von 30 — 32% betragen würden; die Selbstkosten des unter diesen Bedingungen zu gewinnenden Aluminiumoxyds werden sehr hoch sein. Es ist aber jetzt schon anzunehmen, daß man die Verarbeitung von Argillit und Schiefer auf ein Minimum einschränken und das Aluminiumoxyd zum größten Teil aus importiertem Bauxit herstellen wird; außerdem müßten wesentlich billigere eigene Rohstoffe, wie z. B. Braunkohlenasche, die verschiedentlich 30—40% Al_2O_3 enthält, und verschiedene Tonerden nutzbar gemacht werden.

E.

FLEGEL, R.

Die Verbreitung der Bodenerosion in der Deutschen Demokratischen Republik

Bodenkunde und Bodenkultur, Heft 6, 1958; Institut für Bodenkartierung, Berlin

Ausgehend von den klimatischen Voraussetzungen für Erosionsschäden untersucht der Verf. in einer verdienstvollen Arbeit Fragen der Bodenerosion. — Der stets um Objektivität bemühte Autor weist darauf hin, daß die Bedeutung der Bodenerosion in der DDR weder über- noch unterbewertet werden sollte. Deshalb ist eine Bestandsaufnahme nach gleichen Untersuchungsmethoden erforderlich, wobei Hangfußschwemmböden und skelettierte Hangböden wegen ihrer starken Dynamik vorrangig sind. Im Tiefland wurden für ein mäßiges Schutzbedürfnis gegen Erosion Hangwinkel von 3—7°, für ein starkes Schutzbedürfnis von 8° und darüber zugrunde gelegt.

In seinem Untersuchungsverfahren lehnt sich Verf. an die Bodenkartierung und die Untersuchungsmethoden von SCHULZE mit ausgewählten und in ihren gesamten Beziehungen betrachteten Erosionsstellen an, die zur Ermittlung der Erosionsdisposition aller derjenigen Flächen herangezogen werden, die mit den untersuchten Stellen möglichst viele Merkmale, vor allem die geologischen und morphologischen, gemeinsam haben.

Den optischen Kommentar zu diesen Untersuchungen bildet eine mehrfarbige Übersichtskarte. Auf dieser Karte erscheint die nordöstliche Zone (bis zur Linie Rostock-Pasewalk) überwiegend durch Winderosion geschädigt. Eine zweite Zone (etwa bis zur Linie Schwerin—Waren—südlich Angermünde) ist durch das Vorherrschen von Wassererosion gekennzeichnet. Die südlich anschließende Zone (etwa bis zur Linie Magdeburg—Leipzig—Meißen—Görlitz) ist durch ein Schutzbedürfnis gegenüber der vorherrschenden Winderosion bestimmt. Ihre nordöstliche Hälfte zeigt neben der Winderosion aber auch recht große Gebietsteile mit Wassererosion. Dagegen ist die Magdeburger Börde im Verhältnis zu anderen Gebieten nicht wesentlich durch Winderosion betroffen. Der Süden ist auf der Karte als ein Gebiet mit fast ausschließlich Wassererosion dargestellt.

Bodenprofilen kommt bei den fossilen und rezenten Vorgängen der Wassererosion wie auch bei der Winderosion, deren Anwehungen als markantes Merkmal meist einen beträchtlich stärkeren A-Horizont aufweisen, eine große Aussagekraft zu. Bei ihrer Anfälligkeit gegen Winderosion wurden alle strukturlosen und stark gebleichten Böden als stark schutzbedürftig, die mäßig gebleichten Böden mit Einzelstruktur als mäßig schutzbedürftig bezeichnet.

Die Arbeit soll keine Abhandlung mit zusammenfassenden grundsätzlichen Erörterungen sein, sondern eine Sammlung von Unterlagen und ein Bericht, in dem aber an vielen Stellen auf generelle Probleme hingewiesen wird. Die kritische Würdigung der Aussagekraft der einzelnen Feststellungen und vielfache praktische Hinweise verleihen der Arbeit bemerkenswerte Konturen. Einen größeren Raum nimmt die Besprechung der Untersuchungsmethodik und der Arbeitsorganisation ein.

Neben einem Vorwort von Prof. STREMME und der Übersichtskarte über die Bodenerosion in der Deutschen Demokratischen Republik sind der wertvollen Arbeit beigefügt eine große Anzahl ausführlicher Protokolle, 2 Protokollschemata, 36 Photos und 1 Zusammenstellung nach Bezirken über schutzbedürftige Ackerflächen. WEISBROD

Taschenbuch über dosimetrische, radiometrische und elektronische Geräte, Zählrohre, Szintillatoren und Fotovervielfacher

Verl. Atomizdat, Moskau, 253 S., Preis 6,30 Rubel

Obiges Werk wurde von D. D. USPENSKIJ, P. S. SAVICKIJ, V. J. SINICYN und A. S. ŠTANJ zusammengestellt. Das Taschenbuch enthält eine vollständige Aufzählung der Dosimeter, Strahlungsmeßgeräte für Gamma-, Beta-, Alpha- und

Neutronenstrahlung, die in der Sowjetunion industriell hergestellt werden. Außerdem werden Verstärker und Diskriminatoren, Untersetzer, Netzgeräte, Strahlungswandler (Zählbohre und Leuchtstoffkristalle) und Fotovervielfacher angeführt. Bei jedem Gerät oder Zubehörteil werden die wichtigsten technischen Daten (wie z. B. Empfindlichkeit, Meßbereiche), Abmessungen, Gewicht und in den meisten Fällen auch der Preis angegeben. Zahlreiche Illustrationen bereichern den Text. Das Taschenbuch ist als Nachschlagewerk und zur Information über den Leistungsstand der sowjetischen Industrie gut brauchbar. Als Mangel wird empfunden, daß nur wenige Geräte für geophysikalische Strahlungsmessungen aufgenommen worden sind (RM-2, SRP-1a, SG-42, SRP-2, RP-1, „Sputnik" und SG-1M), während eine Reihe von anderen in der Literatur veröffentlichten Geräten für Strahlungsmessungen im Gelände, in Bohrlöchern oder vom Flugzeug aus nicht beschrieben werden. Um sich über diese Geräte zu orientieren, ist man auf die Angaben im „Taschenbuch der Radiometrie für Geologen und Geophysiker" angewiesen.

K. Köhler

Puppo, A.

L'abbassamento del suolo nel Delta Padano, secondo i risultati delle livellazioni esequite nel 1957 e alla meta del 1958

Metano (Padova) XIII (1959), H. 2, S. 65—77, 4 Karten, 9 Seiten Tabellen

Für die Zeit von 1950 bis 1957 hat der Verfasser bereits die Ergebnisse der Nivellements im Po-Delta veröffentlicht. Damals lag das Hauptabsenkungsgebiet mit etwa 30 cm pro Jahr etwas südöstlich von Contarina am Po. Die von 1957 bis 1958 durchgeführten Messungen zeigen bereits ein anderes Bild. Das Hauptsenkungsgebiet mit über 30 cm pro Jahr liegt jetzt weiter im Südosten in der Gegend der Hauptmündungsarme, wo vorher Beträge von etwa 10 cm/Jahr auftraten. Eine vom Autor gezeichnete Karte der Absenkungsbeschleunigungen zeigt denn auch hohe positive Werte im Südosten, während der Nordwesten negative Werte erkennen läßt. Diese Ergebnisse zeigen, daß das Senkungsphänomen keine einfache Angelegenheit ist und noch mehr Forschungsarbeit erfordert. Ein neues Nivellement ist bereits in Arbeit.

Meinhold

Nachrichten und Informationen

Ökonomische Konferenz des Instituts für angewandte Mineralogie Dresden

Es ist sicher nicht einfach, den wirtschaftlichen Nutzeffekt eines Forschungsinstituts zu beurteilen. Die Ökonomische Konferenz des Instituts für angewandte Mineralogie, die am 15. 10. 1959 stattfand, war ein erster Versuch, diesem Ziel näherzukommen.

Aus dem Bericht des Institutsdirektors, Dr. Baumann, und dem Referat des Direktors des Zentralen Geologischen Dienstes, Dipl.-Berging. Geologe Stammberger, sowie den Diskussionsbeiträgen von Vertretern der Kaolin- und Hüttenindustrie und der Geologischen Dienste ging hervor, daß das verhältnismäßig kleine Institut mit seinen 60 Mitarbeitern eine gute, praxisnahe Arbeit geleistet, der geologischen Erkundung vielfach mit sehr konkreten Ergebnissen geholfen und auch bei der Modernisierung unserer Rohstoffbetriebe wichtige Beiträge geliefert hat.

Das Institut hat sich seit 1951 nach Anlaufschwierigkeiten in den ersten Jahren zu einem leistungsfähige wissenschaftlichen Kollektiv entwickelt. Noch bestehende Disproportionen sollen abgestellt werden. Hierüber hat man die erforderliche freimütige und auch kämpferische Diskussion auf der Konferenz z. T. noch vermißt. Wichtig ist in diesem Zusammenhang eine genaue ökonomische Analyse der Arbeiten in den einzelnen Abteilungen. Dies ging auch aus der Diskussion über den vorgelegten Entschließungsentwurf hervor, an der sich insbesondere der Vertreter der SED-Stadtbezirksleitung, Gen. Missbach, und der Haushaltbearbeiter des Instituts, Koll. Schiekel, mit wertvollen Beiträgen beteiligten.

Die Konferenz hat zahlreiche Anregungen für die weitere Arbeit gegeben, die ihren Niederschlag z. T. in der erwähnten Entschließung gefunden haben.

Es soll abschließend noch darauf hingewiesen werden, daß in den Referaten und Diskussionsbeiträgen der Einsatz von Hydrozyklonen und anderen Geräten bei der Entsandung der Bohrtrübe auf unseren Bohranlagen eine erhebliche Rolle spielte. Beiträge von seiten der anwesenden Vertreter der Bohrbetriebe zu diesem wichtigen Problem hat man leider vermißt.

Georg Hass

Lagerstättenerforschung in Bulgarien

Nach einem Aufsatz von Tano Zolow, dem Vorsitzenden des Komitees für Industrie und technischen Fortschritt, im „Rabotnitschesko Delo" (Sofia) vom 26. 6. 1959 haben sich die Mittel, die für geologische Forschungsarbeiten aufgewendet wurden, gut bezahlt gemacht. Die bis Ende 1958 erforschten und der Industrie übergebenen Vorräte an Lignit erreichen rd. 4 Mrd. t. An älterer Braunkohle wurden rund 300 Mio t und an verkokbarer Steinkohle rund 40 Mio t nachgewiesen. Die Gesamtvorräte an Blei- und Zinkerzen erreichten 1958 mehr als 112 Mio t mit mehr als 3 Mio t metallischem Blei und über 2 Mio t an metallischem Zink. Die Vorräte an Kupfererzen betragen 60 Mio t mit insgesamt 600000 t metallischem Kupfer. Die übergebenen Vorräte an Eisenerzen wuchsen auf rund 300 Mio t an. So wurde durch das Ergebnis der geologischen Forschungsarbeiten eine solide Rostoffbasis für die beschleunigte Entwicklung der gesamten Industrie geschaffen.

E.

Schematische Darstellung der im Emsland wichtigen Erdöl- und Erdgashorizonte

Formation	Abteilung	Stufe	Zone	Felder
		Alb		
		Apt		Lingen-Dalum, Georgsdorf
		Barrême		
Kreide	Unterkreide	Hauterive	Gildehäuser Sandstein (tiefstes H.)	Scheerhorn, Georgsdorf, Emlichheim
		Valendis	u. a. Bentheimer Sandstein	alle Öllagerstätten
		Wealden		Lingen-Dalum, Georgsdorf, Scheerhorn
		Portland	Serpulit Münder-Mergel Gigasschicht.	Lingen-Dalum, Scheerhorn
Jura	Malm	Kimmeridge		
		Oxford		
	Dogger			
	Lias			
Trias				
Perm	Zechstein		darin: Plattendol., Hauptdol.	alle Gasfelder
	Rotliegendes			
Karbon				

Erdöl/Erdgas

Sibiriens Erdöl/Erdgasvorkommen

Der Direktor des Instituts für Geologie und Geophysik der Sibirischen Abteilung der Akademie der Wissenschaften, Trofimuk, teilte am 12. 8. 1959 mit, daß sich die erdgas- und erdölhöffigen Gebiete Sibiriens über nahezu 5,5 Mio km^2 erstrecken und damit an Ausdehnung die höffigen Gebiete der USA weit übertreffen. Neue Entdeckungen großer Lagerstätten wurden kürzlich in der Ob-Niederung, am Mittellauf des Ob, in den Niederungen des Jenissei und in Jakutien gemacht. TROFIMUK hob hervor, daß die geologischen Sucharbeiten so wichtig wie nie zuvor seien; sie müßten um das Drei- bis Vierfache erhöht werden. Es komme darauf an, die gigantischen sibirischen Industriezentren mit Erdöl und Erdgas aus den örtlichen Vorkommen zu versorgen. Er wendet sich energisch gegen die Vorurteile einiger Wissenschaftler, die die Suche nach Erdöl- und Erdgasvorräten in Sibirien als zur Zeit unrentabel bezeichnen. TROFIMUK erinnert an ähnliche konservative Ansichten, die vor mehr als zwei Jahrzehnten beim Aufschluß des Ural/Wolga-Gebietes, das heute eines der größten Erdölzentren der Welt ist, geltend gemacht wurden. Er zieht die Schlußfolgerung, daß die westsibirischen Erdöl- und Erdgasfelder die gleiche Zukunft haben wie die des Ural/Wolga-Gebietes (vgl. „Zt. angew. Geol." Jg. 1, 1955, S. 117). E.

Frankreichs Erdöl- und Erdgasförderung

Mit der Aufnahme der Förderung auf dem Erdölfeld Parentis begann 1954 die neue französische Erdöl/Erdgasära. Inzwischen rückten die Sahara-Lagerstätten an die erste Stelle. Die Entdeckung des Vorkommens von El Gassi weist darauf hin, daß die Lagerstätten von Hassi Messaoud eine bedeutend größere Ausdehnung haben als ursprünglich angenommen wurde. Das Becken von Fort Polignac, wo zunächst Edjelé und Tiguenourine entdeckt worden waren, ist durch die Funde bei Zarzaïtine erweitert worden. Im Pariser Becken zeigen die Vorkommen von Châilly-en-Bière und Saint-Martin-de-Bossenay die gleiche geologische Struktur wie diejenige von Coulommes auf und unterstreichen damit die Höffigkeit der Umgebung von Paris. In SW-Frankreich, wo die Erdölfelder Parentis und Lacq produzieren, ist man neuerdings auf ein neues Vorkommen bei Cazaux gestoßen. Im westafrikanischen Gabon traten zu den Feldern Pointe Clairette und Ozouri die neuen Vorkommen vom Cape Lopez und M'Bega.

Besonders imponierend ist die Schnelligkeit, mit der die Rohre für die Fernleitungen transportiert und verlegt werden. Methangas von Lacq hat Nantes erreicht, wird Ende 1959 in Saint Etienne und Lyon, Anfang 1960 in Paris eingeschleust werden. Ende 1959 wird Hassi Messaoud mit Bougie verbunden sein. Damit können monatlich zur algerischen Küste 400000 t Rohöl gegenüber bisher 50000 t transportiert werden. Im Laufe des Jahres 1960 soll die Durchlaßkapazität der Leitung verdreifacht werden. Mit der Legung der Leitung von Fort Polignac nach dem Golf von Gabès ist begonnen worden, Ende 1960 soll die Leitung betriebsfähig sein. Die Projektierung der Ferngasleitung Hassi R'Mel nach Oran und Algier ist abgeschlossen.

Das Bureau de Recherches de Pétrole veröffentlichte folgende amtliche Schätzung über die voraussichtlich kommende Entwicklung der französischen Erdölförderung:

	Frankreich	Sahara
	in Millionen t	
1959	1,6	1,1 – 1,5
1960	2,0	9,0 – 10,0
1961	2,2 – 2,6	18,0 – 22,5
1962	2,4 – 3,0	25,5 – 31,0
1963	2,6 – 3,4	31,0 – 39,0
1964	2,8 – 3,7	39,0 – 46,0
1965	3,0 – 4,0	46,0 – 51,0

E.

Klaipeda (früher Memel) als Ölverschiffungshafen

In einem Sonderbericht des Korrespondenten des „Industriekurier" wird aus Helsinki mitgeteilt, daß die Pläne für den Ausbau des litauischen Hafens Klaipeda zu einem großen Ölumschlagsplatz bereits in Moskau vorliegen. Es soll von den Ölfeldern am Kaspischen und Schwarzen Meer über Moskau nach Klaipeda eine Rohölleitung verlegt werden. Für die skandinavischen Länder wird dieser neue Ölhafen große Bedeutung erlangen. Während z. B. finnische Tanker bisher für eine Reise Helsinki—Odessa—Helsinki 30 Tage benötigten, werden sie in Zukunft den Transport von Klaipeda nach Helsinki und zurück in 3 Tagen erledigen können.

Finnland hat im Jahre 1958 etwa 2 Mio t Öl aus der Sowjetunion importiert. Die sowjetischen Ausfuhren nach Schweden, das nur Heizöle bezog, erreichten 1958 900000 t. Bis 1961 rechnet man mit einer Steigerung auf 2 Mio t. Norwegen bezieht aus der Sowjetunion gegen 150000 t Diesel- und Heizöl im Jahr. Ein weiterer großer Abnehmer sowjetischen Erdöls ist auch Island, das mit Ausnahme von einigen Flugzeugbenzinen seinen Gesamtbedarf an Ölprodukten von jährlich etwa 300000 t aus der Sowjetunion bezieht. E.

Westdeutsche Erdölerkundung

1958 wurden in Westdeutschland 29 Mill. DM für geophysikalische Messungen aufgewendet. Es arbeiteten 50 seismische Feldtrupps, davon 45 nach modernen Reflexionsverfahren, deren Feldergebnisse durch elektronische Rechenautomaten ausgewertet werden. Im vergangenen Jahr wurden von 534 durchgeführten Tiefbohrungen 350 fündig.

(Aus einem Vortrag von T. TELLE, Vorsitzender des Wirtschaftsverbandes Erdölgewinnung e. V.)

E.

Rohölleitung Italien—Schweiz

Am 16. 5. 1959 wurde die Arbeit an einer Ölpipeline von Genua über Mailand und Turin nach Aigl in der Schweiz aufgenommen. Die Pipeline soll eine Kapazität von 10 Mio t Rohöl pro Jahr aufweisen. Zu dem Projekt gehört eine Raffinerie in Aigl mit einer Kapazität von 2 Mio t jährlich. Die Fernleitung soll später von der Schweiz weiter nach Westdeutschland führen. E.

Erdölsuche in Spanien

Von 1939 bis Mitte 1958 sind in Spanien insgesamt nur 46 Tiefbohrungen mit weniger als 90000 Bohrmetern niedergebracht worden. Nordamerikanische Geologen haben in den letzten Jahren die Iberische Halbinsel auf Erdölhöffigkeit untersucht. Sie sind der Ansicht, daß man im Verlauf von 2 Jahren auf wirtschaftliche Erdölvorkommen stoßen wird. Die besten Aussichten verspricht nach ihnen das Ebro-Tal, wo man allerdings mit großen Tiefen rechnen muß. Erfolge erwartet man daneben in den Niederungen des Guadalquivir, in den andalusischen Bergen und in Teilen von Alt- und Neukastilien. Die Hoffnung, am Rande der Pyrenäen, besonders in der Gegend von Navarra, auf Erdöl zu stoßen, erhält ihre Impulse durch die reichen französischen Funde nördlich des Gebirges. Auch in den spanischen Besitzungen in Afrika, vorwiegend in der West-Sahara, wird die Erdölprospektion vorangetrieben. E.

Erdgas in Süditalien

Bisher wurde Erdgas vorwiegend in der Po-Ebene gefördert. Durch die Auffindung größerer Gasvorkommen bei Ferrandina am Golf von Tarent ist nun die Möglichkeit gegeben, auch Süditalien mit Erdgas zu versorgen.

Es produzieren 6 Sonden, die 170000 m³ ausbringen. Die Speichergesteine liegen 800 bis 1000 m NN und sollen angeblich 10 Mrd. Nm³ an Vorräten enthalten. Man nimmt an, daß man in absehbarer Zeit täglich 2 Mio m³ wird fördern können. Mit diesem Methangas sollen dann das 200 km entfernte Neapel und das 100 km entfernte Bari beliefert werden. Auch eine Versorgung von Brindisi, wo der Montecatini-Konzern ein großes petrochemisches Werk baut, und von Tarent mit seiner Werft und den geplanten Eisenhüttenwerken wird in Erwägung gezogen. E.

Kohle

Entwicklung der Braunkohlenproduktion in der DDR

Produktion von Rohbraunkohle und Braunkohlenbriketts in der DDR von 1950 bis 1959

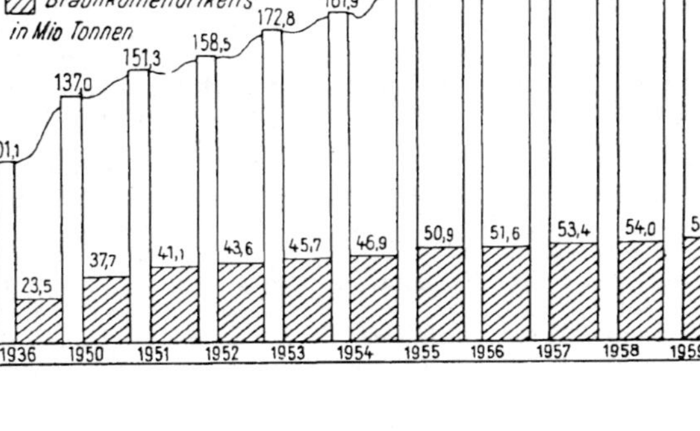

Braunkohlenförderung in Polen

Die polnische Braunkohlenförderung wird von rund 6 Mio t im Jahre 1958 auf etwa 17–20 Mio t im Jahre 1965 gesteigert werden. Die DDR liefert Polen neben einer größeren Anzahl von Fördergeräten 10 Absetzer sowie 13 Schaufelradbagger mit einem durchschnittlichen Gewicht von je 2000 t.

In Turow-Turoszow wird in den nächsten Jahren ein Kraftwerk errichtet, das auf der Basis von Baunkohle jährlich 7 Mrd. Kilowattstunden Strom erzeugen wird, das ist über ein Viertel der jetzigen Gesamtenergieerzeugung Polens. Die sechs 200-Megawatt-Turbinen erhält Polen aus der Sowjetunion. Das mit Braunkohle gespeiste Koniner Elektrizitätswerk zählt zu den wirtschaftlichsten Energieerzeugungsbetrieben der Volksrepublik Polen. E.

Krise in der Borinage

Die Steinkohlenhalden erreichten in Belgien im April 1959 die Höhe von 7,6 Mio t. Im Jahr 1958 wurden in der Borinage Gruben mit einer Jahresförderung von über 3 Mio t stillgelegt. Es sollen überhaupt nur noch 5 Schachtanlagen in Betrieb bleiben. Daher wird sich der Schwerpunkt des belgischen Steinkohlenbergbaus in Zukunft mehr und mehr in das Kempenland verlagern, wo sich bedeutend größere Flöze und Vorkommen befinden als im südbelgischen Kohlenrevier.

E.

Radioaktive Erze

Italienische Uranvorräte

Der italienische Kernforschungsausschuß schätzt, daß Italien ab Mitte 1961 jährlich 160 t Uranmetall herstellen kann. Für Ende 1962 wird mit einer Verfügbarkeit von 350 t im Werte von 12 Mrd. Lire gerechnet. In den Permschichten der See- und Kottischen Alpen wurden bisher ermittelt: sicher = 110 t Uranmetall aus 100000 t Erz mit einem mittleren Urangehalt von 0,15%; wahrscheinlich = 500000 t und möglich = 1,5 Mio t. Zusammen könnten das 2200 t Uranmetall ergeben. Im Perm des Grödner Tals wurden bisher ermittelt: sicher = 50000 t oder 73 t Uranmetall; wahrscheinlich = 1 Mio t und möglich = 5 Mio t, zusammen = 8600 t Uranmetall. 1960 hofft man, in den See- und Kottischen Alpen 65 t Uranmetall gewinnen zu können. E.

Neues Uranerzvorkommen in Japan

In dem Gebiet um den Ningyo-Paß in SW-Japan soll eines der reichsten Uranerzgebiete der Welt festgestellt worden sein. Bisher wurde die erzführende Schicht auf 7 km Länge mit einer Mächtigkeit bis zu 5 m festgestellt. Die Vorräte wurden nach erster Schätzung mit über 1 Mio t Uran angegeben. Nördlich des Passes wurden wahrscheinlich noch größere Vorkommen entdeckt. Hier tritt das Uranerz zusammen mit Apatit auf. In einem neu entdeckten, nach dem Ningyo-Paß benannten Mineral sollen 60% U 308 enthalten sein. Im ganzen besitzt die vor 3 Jahren gegründete „Japan Atomkraft-Corporation" 13 Uranbergwerke und hat sich Anrechte auf 248 weitere, bisher nur z. T. erforschte Uranlagerstätten gesichert. E.

Eisenerze

Aufbereitung der Ilseder Eisenerze

Der zur Zeit eingesetzte Ilseder Erzmöller ist durch einen niedrigen Eisengehalt sowie durch verhältnismäßig hohe Phosphor- und Mangangehalte gekennzeichnet. Aus technischen und wirtschaftlichen Gründen ergibt sich die Aufgabe, zu prüfen, ob durch verstärkte Aufbereitung der Lengeder und Bültener Roherze eine Steigerung des Eisengehaltes und Senkung des Phosphor- und Mangangehaltes im Erzmöller und im Roheisen zu erzielen ist. Die mineralogische Zusammensetzung des Lengeder Roherzes erlaubt es, die Einzelbestandteile Brauneisen, Phosphorit und Kalk in den Kornklassen über 4 mm nach vorherigem Läutern des Roherzes durch Sinkscheiden zu trennen. Das Feinerz unter 1 mm kann durch Magnetscheiden auf Starkfeldscheidern angereichert werden. Insgesamt ist eine Erhöhung des Eisengehaltes von 28% Fe im Roherz und 38% Fe im Läuterkonzentrat auf rd. 50% Fe im gesamten Eisenkonzentrat möglich. Für das Bültener Roherz, das aus Brauneisen und Phosphoriten besteht, die in ein kalkiges Bindemittel eingebettet sind, ergibt sich die Möglichkeit, durch folgende Aufbereitungsarten den Eisengehalt zu steigern und den Mangangehalt zu senken: Sinkscheiden der Kornklassen von 30 bis 1 mm, Magnetscheiden der Kornklassen von 1 bis 0,04 mm und Flotieren der Kornklassen unter 0,04 mm. Durch das Ansteigen des Eisengehaltes im Erzmöller und das damit verbundene Sinken des Koksverbrauches kann mit einer Senkung der Roheisen-Selbstkosten gerechnet werden. Es wird eine Steigerung des Möllerausbringens von 36% auf 44% und eine Senkung des Koksverbrauches von 1020 kg/t auf 850 kg/t Roheisen erwartet. (Aus „Stahl und Eisen" Nr. 10 v. 14. 5. 1959, S. 657–668.) E.

Europäische Eisenerzversorgung

Die Europäische Wirtschaftsgemeinschaft hat 5 Mio Dollar zur Erforschung von Eisenerz- und Manganerzvorkommen in Afrika bewilligt. In Guinea, an der Elfenbeinküste, in Kamerun und Gabun sind die ersten geophysikalischen Meßtrupps an der Arbeit. Während in den Gemeinschaftsländern 1958 über 87 Mio t Roherz gefördert wurden, betrug die Eisenerzeinfuhr in die Länder der Montanunion noch 23,8 Mio t. Das Verhältnis zwischen Produktion und Einfuhr, das seit über 40 Jahren bei 70 : 30 lag, wird im kommenden Jahr bei 60 : 40 liegen. Vor dem letzten Krieg bezog Deutschland den größten Teil der schwedischen Eisenerzförderung, heute nur noch 40%, da das schwedische Erz vorwiegend nach England exportiert wird. Die afrikanischen Exporterze ähneln mit ihren Gehalten denen von Labrador und Venezuela. Sie enthalten 50–60% Fe gegenüber höchstens 30% der Inlanderze. Während Frankreich zur Zeit praktisch gar keine Einfuhren benötigt, müssen Deutschland und Italien zwei Drittel ihres Erzbedarfes — in Fe-Gehalt berechnet — aus dritten Ländern beziehen. Die Niederlande führen alles Eisenerz ein, Belgien bezieht 60% aus Frankreich und Luxemburg.

EMILE SCHNEIDER („Rheinischer Merkur") Köln, 26. 6. 59) schlug für den Erztransport aus den „praktisch unerschöpflichen Erzlagerstätten" von Kanada und Venezuela den Bau von Spezialtransportschiffen bis zu 60000 BRT vor. „Damit wird das Eisenerz ebenso wie das Erdöl zu einer internationalen Handelsware, die nicht mehr auf regionale Absatzwege beschränkt ist . . . . Europa braucht also auf weite Sicht keinen Mangel an Eisenerz zu befürchten." E.

Eisenerze Chinas

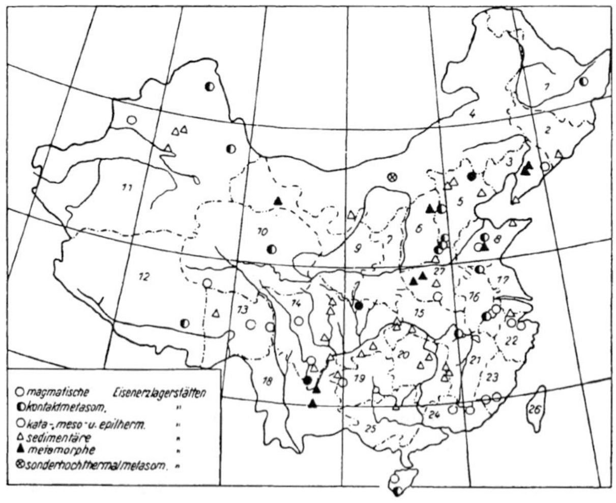

Die Abbildung wurde der „Bergakademie" 11, 1959 S. 294–296, aus einem Referat über eine Arbeit von GAO WAU-LI entnommen, die in „Dichi Yuekan". Monatszeitschrift für Geologie, Heft 1, 1958, erschienen war.

E.

Neues Manganerzvorkommen im Dnjepr-Gebiet

Die Vorräte der neuen Manganerzlagerstätte Gruschewski sollen die des Nikopoler Manganrevieres um 40% übertreffen. Mit dem Bau der ersten 5 Gruben zur Erschließung des neuen Vorkommens ist begonnen worden. Bis Ende des Siebenjahrplanes werden 12 hochmechanisierte Gruben und

2 Tagebaue in Betrieb stehen. Die Jahresförderung der Tagebaue wird etwa $2^1/_2$ Mio t erreichen. 3750 m^3 Gestein wird von einer in den Tagebauen eingesetzten Abraumbrücke stündlich gefördert werden. Bei der Erzgewinnung unter Tage werden selbstfahrende Vortriebsschilde die Arbeit von 50 Bergarbeitern verrichten. E.

Steine, Salze, Erden

Flußspat in den Ostpyrenäen

Große Vorkommen von hochwertigem Flußspat, die die reichsten in Frankreich sind und zu den größten der Welt zählen sollen, werden neuerdings abgebaut. Der Rohspat enthält 60—70% Kalziumfluorid; sein Eisengehalt soll auf nicht mehr als 2% durch ein Schwimmaufbereitungsverfahren, für das ein Werk in Olette gebaut wird, reduziert werden. 1957 verbrauchte Frankreich 85000 t Flußspat, von denen 40000 t Flotationskonzentrate für chemische Zwecke waren. E.

Südafrikanische Asbestproduktion

Innerhalb der Südafrikanischen Union steht die Gewinnung von Amosit (jährlich ca. 50000 sh t) an erster Stelle. Die meist kleinen Amositgruben befinden sich bei Lydenburg und Pietersburg in Transvaal. Blau-Asbest (Krokydolit) wird hauptsächlich im Prieska-Bezirk des nördlichen Kaplandes gewonnen (ca. 60000 sh t im Jahr). Die Gewinnung von Chrysolit, etwa 1% der Weltproduktion, konnte von 14500 sh t 1951 auf 21800 sh t 1955 erhöht werden. Die Asbestproduktion der Südafrikanischen Union war von 23827 sh t im Jahre 1946 auf 124960 sh t im Jahre 1955 angestiegen. Etwa zur Hälfte wird die südafrikanische Asbestproduktion von den USA abgenommen. E.

Asbest in Finnland

Seit 1901 werden die finnischen Asbestvorkommen im Gebiet von Paakkila ausgebeutet. 1958 wurden 6942 t Asbestfasern produziert und davon 5181 t exportiert. Die Jahreskapazität der Aufbereitung beträgt 12000 t. In Finnland wird Anthophyllit-Asbest gefördert, der in linsenförmigen Körpern im Gestein in einer Menge bis zu 100000 t auftritt. Von dem Rohasbest können 40—60% zu Fasern verarbeitet werden, die sich durch Säure- und Hitzebeständigkeit auszeichnen. E.

NE-Erze

Polnische Kupfererzperspektiven

Kürzlich erklärte der stellvertretende Minister für Schwerindustrie in Polen: „Die gesamten bekannten Kupfervorräte werden in Europa auf 6,9 Mio t geschätzt, während die neuentdeckten polnischen Kupfervorkommen wahrscheinlich mehr als 15 Mio t Cu enthalten.“ Am 23. März 1951 war in dem Dorfe Sieroszewice — zwischen Lubin und Głogów — durch den Ingenieur J. WYZYKOWSKI vom Warschauer Geologischen Institut das Kupfervorkommen entdeckt worden. Inzwischen hat sich herausgestellt, daß sich die Kupfervorkommen weiter in Richtung auf Żary und Wrocław erstrecken, wo sie durch Bohrungen aufgeschlossen werden sollen.

Der Kupfergehalt im Erz ist bedeutend höher als in den bekannten Kupfererzvorkommen von Mansfeld, Bolesławiec und Złotoryja. Die Gruben, die in den nächsten 7 Jahren entstehen sollen, werden nur einen Teil der entdeckten und untersuchten Kupfererzlagerstätten umfassen. Neben der Kupferhütte in Legnica wird eine zweite Kupferhütte gebaut werden. So entsteht zwischen Lubin und Głagów ein neuer großer Industriebezirk, der in seiner volkswirtschaftlichen Bedeutung zumindest dem metallurgischen Kombinat in Nowa Huta, dem Energiekombinat bei Zgorzelec an der Lausitzer Neiße und dem Schwefelkombinat bei Tarnobrzeg an der Weichsel gleicht. E.

Ungarisches Gallium

Zu Beginn des laufenden Jahres wurde in der Tonerde-Fabrik von Ajka eine halbindustrielle Anlage für die Produktion von Gallium in Betrieb genommen. Nach offiziellen Angaben ist es gelungen, aus ungarischem Bauxit Gallium mit einer Reinheit von 99,99% herzustellen. Die Anlage deckt bereits den Eigenbedarf des Landes. Z. Zt. werden Vorbereitungen für eine Erweiterung der Produktion getroffen, nach deren Abschluß man mit dem Export von Gallium beginnen wird. E.

Sonstiges

Bergbauförderung der Welt

An der bergbauwirtschaftlichen Gesamtproduktion sind Erdöl, Steinkohle, Erdgas und Braunkohle zusammen zu rund zwei Dritteln, und zwar mit 64,9%, beteiligt. Absolut und relativ steht das Erdöl an der Spitze aller Bergbauerzeugnisse. In der Gruppe der NE-Grundstoffe hat Nickelerz, das von 1950—1957 einen Zuwachs von 94% zu verzeichnen hatte, den durchschnittlichen Wachstumswert des Weltbergbaues, der bei 6,2% jährlich im gleichen Zeitraum lag, weit überschritten. In der Gruppe Eisenerz und Stahlveredler, die etwa 10% des Gesamtproduktionswertes ausmacht, wiesen Mangan-, Molybdän- und Titanerze überdurchschnittliche Wachstumsraten auf.

Nach einer Untersuchung des westdeutschen Institutes für Wirtschaftsforschung war das Wachstum der bergbaulichen Erzeugnisse in den östlichen Industrieländern (Sowjetunion, CSR, DDR) größer als in den westlichen. E.

Aus der Produktionsstatistik Großbritanniens

	M.-E.	1957	1958	Veränderung in %
Steinkohle	Mio lgt	223,6	215,8	— 3,4
Koks	Mio lgt	32,5	28,6	— 11,9
Roheisen	Mio lgt	14,3	13,0	— 9,1
Rohstahl	Mio lgt	21,7	19,6	— 9,6
Kupfer, raffiniert	T lgt	204,0	196,0	— 3,8
Blei	T lgt	85,7	80,5	— 6,1
Zinn	T lgt	34,4	33,0	— 4,2
Zement	Mio lgt	11,96	11,66	— 2,5
Schwefelsäure	T lgt	2,335	2,240	— 4,1

E.

Energiebilanz der Bundesrepublik 1958

Nach den beiden Abbildungen[1]) weist die Veränderung in der Energiebilanz der Bundesrepublik eine deutliche Tendenz zur Zurückdrängung der Steinkohle zugunsten eines gestiegenen Mineralölverbrauches aus.

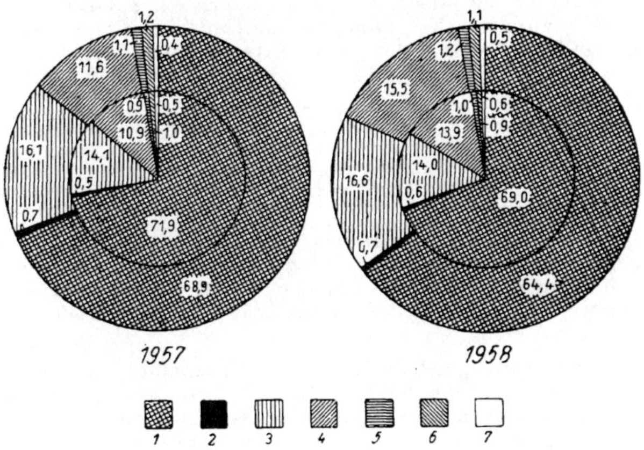

Anteil der einzelnen Energieträger am Rohenergieaufkommen (innerer Kreis) und am Rohenergieverbrauch (äußerer Kreis) der Bundesrepublik 1957 und 1958 in Prozent.

1 — Steinkohle, 2 — Pechkohle, 3 — Braunkohle, 4 — Mineralöl, 5 — Wasserkraft, 6 — Brenntorf u. -holz, 7 — Andere (Erdgas, Stromund Gasimport)

[1]) „Glückauf“, Essen 1959, S. 556.

E.

Volkswirtschaftlich vertretbarer Aufwand für die bergbauliche Rekultivierung

Mit diesem Thema fand am 12. Mai d. Js. unter Vorsitz des Leiters der Staatlichen Geologischen Kommission ein Kolloquium statt, an dem auch Vertreter des Bergbaus und des Instituts für Agrarökonomik der Deutschen Akademie der Landwirtschaftswissenschaften teilnahmen.

Der schnelle Abbaufortschritt der Braunkohle erfordert dringend Maßnahmen zur Rückgewinnung leistungsstarker land- und forstwirtschaftlicher Produktionsflächen, um den Aufbau einer neuen Kulturlandschaft nach Beendigung der Auskohlung zu gewährleisten; sie müssen nach § 1 der Zweiten Durchführungsbestimmung vom 8. 3. 1958 zur

Wiedernutzbarmachung „nach neuester Technik möglich und volkswirtschaftlich vertretbar sein".

Die Teilnehmer erörterten eingehend den mit dieser Forderung aufgeworfenen Fragenkomplex und gingen dabei von dem in dieser Zeitschrift, Heft 8—9, 1957, veröffentlichten Vorschlag von W. WEISBROD aus. Es war zunächst zu klären, ob der danach aus den Deckgebirgsverhältnissen abzuleitende Bodenwert bzw. -preis der zukünftigen Nutzflächen als Kennziffer brauchbar ist, um die über die normalen Abraumkosten hinausgehenden Mehraufwendungen für eine qualitativ hochwertige Rekultivierung ökonomisch zu begründen. Hier wurde grundsätzlich festgestellt, daß sich der Bergbau sowie die nachfolgende Nutzung der wiederhergestellten Flächen im sozialistischen Sektor unserer Volkswirtschaft vollziehen, in der ein Bodenwert als ökonomische Kategorie nicht mehr existiert. Der Staat übergibt die rückgewonnenen Flächen unentgeltlich an sozialistische Betriebe, deren Rentabilität, dem Wertgesetz folgend, durch Gegenüberstellung von Rohertrag und Aufwand an lebendiger und vergegenständlichter Arbeit gemessen wird. Außerdem stehen dem nach kapitalistischen Reinertragsvorstellungen ermittelten Bodenwert infolge der stark differierenden geologischen Situation des Deckgebirges sehr unterschiedliche Aufwandshöhen gegenüber, so daß seine Brauchbarkeit als Kennziffer auch insoweit nicht gegeben ist. Es wird daher Aufgabe der Agrarökonomen sein, solche nach den Grundsätzen der sozialistischen Ökonomik zu entwickeln.

Als Ergebnis der mehrstündigen Diskussion trat die Auffassung hervor, daß die für die bergbaulichen Rekultivierungsarbeiten zu leistenden Investitionen, unabhängig von der Frage der örtlich gegebenen Rentabilität, in erster Linie nach der in den regionalen Gebietsentwicklungsplänen festgelegten volkswirtschaftlichen Zielsetzung zu bemessen sind. Die Entscheidung aber, in welcher Höhe sie innerhalb des gesamten Investitionsvolumens volkswirtschaftlich vertretbar sind, kann nicht von den jetzt unmittelbar an den Rekultivierungsarbeiten beteiligten Institutionen getroffen werden, sondern liegt bei den dafür zuständigen und verantwortlichen staatlichen Organen.

Abschließend wurde zusammengefaßt, welche nächsten Schritte zu unternehmen sind, um das Rekultivierungsproblem in der in volkswirtschaftlichem Interesse gebotenen Form beschleunigt zu lösen. SIEBENHAAR

Oder-Donau-Kanal

Einem Projekt entsprechend, das von „Hydroprojekt" in Brno entworfen wurde, soll gemeinsam von Polen, der CSR und der DDR ein Oder-Donau-Kanal gebaut werden. Er soll 40 m breit und 3,5 m tief werden und von Lastkähnen bis zu 1000 t befahren werden können. Am Bau dieses Kanals sind u. a. auch die skandinavischen Länder für ihren Erzexport und Ungarn, Bulgarien, Rumänien, Jugoslawien und Österreich interessiert. E.

Assuan-Hochstaudamm

Einem Aufsatz aus der „Prawda" vom 2. 8. 59 von M. MALYSCHEW, dem Chefingenieur für den Entwurf des Assuan-Hochstaudammes, entnehmen wir:

Den 25 Millionen Ägyptern stehen nur 2,4 Mill. ha für die landwirtschaftliche Nutzung zur Verfügung. Der Anteil Nutzfläche je Einwohner vermindert sich jährlich, da die Erweiterung der Landwirtschaft mit dem Zuwachs der Bevölkerung nicht Schritt halten kann. Durch den neuen Staudamm kann die nutzbare Fläche um 800000 ha vergrößert werden, wodurch eine 50%ige Steigerung der Agrarproduktion zu erwarten ist. Am Staudamm wird ein Wasserkraftwerk mit einer Leistung von 2,8 Mio kW und einer jährlichen Stromerzeugung von 10 Mrd. kWh gebaut. Es wurde berechnet, daß sich mit der Errichtung des neuen, von sowjetischen Experten erbauten Assuan-Hochstaudammes die Investitionen durch Steigerung der landwirtschaftlichen und industriellen Produktion innerhalb von 1—2 Jahren amortisiert haben werden. Das ägyptische Nationaleinkommen wird sich um 45% erhöhen.

An der Stelle, an der etwa 7 km oberhalb des alten Staudammes und in dessen Stauraum der neue Hochstaudamm errichtet wird, fließt der Nil in einem steilen Felseinschnitt von etwa 600 m Breite. Die Sohle des Tales besteht aus alluvialen Geröllen, Kiesen, Sanden und Schlämmen von ca. 200 m Mächtigkeit. Wegen des ungünstigen Baugrundes wird ein Erdstaudamm gebaut, der aus örtlichen Baustoffen errichtet wird. Er erhält eine Höhe von 110 m. Einschließlich der Schüttungen auf den Ufern, die um 40—50 m erhöht werden müssen, wird der neue Staudamm 5 km lang. Die Bauarbeiten werden in dem alten Staubecken bei einer Wassertiefe von 35 m ohne Trockenlegung des Grundes durchgeführt. Mit dem Bau dieses größten hydrotechnischen Projektes Afrikas soll Ende 1959 begonnen werden. E.

Kurznachrichten

In der **Tschechoslowakei** begannen Anfang März die Bauarbeiten für eine Erdölfernleitung aus der Sowjetunion. Die 500 km der Fernleitung von der tschechisch-sowjetischen Grenze bis Bratislava sollen am 1. 4. 1962 in Betrieb genommen werden.

Auf dem Ölkongreß in Zagreb wurde bekanntgegeben, daß die **jugoslawische Erdölproduktion** bis 1961 etwa 1,2 Mio t gegenüber 850000 t im Jahre 1958 erreichen wird. Bei Entwicklung neuer Felder in Kroatien und Woiwodina kann die geplante Produktion überboten werden.

In Oberösterreich wurde die **Aufschlußbohrung Ried 1** in einer Teufe zwischen 1359 und 1374 m erdölfündig. Ein Produktionsversuch wird vorbereitet. Ried liegt rd. 40 km südlich von Passau im Innkreis.

Der Industrieminister der VAR (Ägypten) gab bekannt, daß auf der Halbinsel **Sinai** im Sudr-Gebiet ein neues **Ölvorkommen** entdeckt wurde. Der Minister führte aus, daß nach den vorläufigen Forschungsergebnissen das neue Ölfeld eines der größten der VAR werden könnte.

Die **Irakische** Petroleumgesellschaft gab Mitte August 1959 die Entdeckung eines neuen **Ölvorkommens** in Bai Hassan, 25 Meilen von Kirkuk entfernt, bekannt. Die Testversuche der fündigen Bohrung erbrachten 300 tato.

Nigeria exportierte 1958 ca. 230000 t **Rohöl**. Gegenwärtig liegt die jährliche Förderrate bei 500000 t. Die beiden produzierenden Felder Bomu und Afam sind durch Fernleitungen mit dem Hafen Port Harcourt verbunden.

In **Kolumbien** ist mit der **erdölgeologischen Erkundung** eines 2500 km² großen Gebietes am Rio Caqueta, 150 km von der peruanischen Grenze entfernt, begonnen worden. Eine 800 km lange Rohölfernleitung wird zum Hafen Tumaco gebaut.

Die Vorräte der **ukrainischen Erdgaslagerstätte Schebelinsk**, die von N. F. BALUCHOWSKIJ und fünf weiteren Geologen erkundet wurden, konnten auf 130 Mrd. m³ berechnet werden.

In **Großkayna** wird ein **Salzkohlekraftwerk** errichtet zur Auswertung der salzhaltigen Braunkohlen von Wallendorf und Löderburg. 1965 soll mit der Energiedarbietung begonnen werden.

Gegenwärtig kommen rd. 71 % der **polnischen Steinkohlenförderung** aus Teufen von 200—500 m, während 56 % aller Kohlenvorräte in Teufenbereichen zwischen 500 und 1000 m lagern.

In **Luxemburg** ging die **Eisenerzförderung** 1958 um 15 % auf rd. 6,6 Mio t zurück gegenüber 7,8 Mio t im Jahre 1957.

Die Produktion von **Molybdän betrug in den USA 1958** 40543 sh t; das ist der niedrigste Stand seit 7 Jahren.

An der Ausbeutung der **Eisenquarzite**, die an der **Kameruner Küste bei Kribi** aufgefunden wurden, ist die Montanunion stark interessiert. Der Gehalt des Roherzes an Eisen ist nur niedrig, aber es lassen sich aus ihm Konzentrate mit 65 % Fe herstellen.

Die beiden in **Westdeutschland** produzierenden **Schwefelkiesgruben** wollen ihre Produktion einstellen, da die Verbraucher von Schwefelkies zunehmend auf Schwefel übergehen.

Herausgeber: Staatliche Geologische Kommission und Zentrale Vorratskommission für mineralische Rohstoffe der Deutschen Demokratischen Republik. Chefredakteur: Prof. Dr. Erich Lange, Berlin. Redaktion: Berlin N 4, Invalidenstraße 44. Verlag: Akademie-Verlag GmbH, Berlin W 1, Leipziger Straße 3—4 (Fernsprecher 220441, Postscheckkonto: Berlin 35021). Bestellnummer des Heftes: 1047/6/1 Die „Zeitschrift für angewandte Geologie" erscheint monatlich. Bezugspreis 2.— DM je Heft. — Satz und Druck: Druckhaus „Maxim Gorki", Altenburg. Veröffentlicht unter der Lizenznummer ZLN 5008 des Ministeriums für Kultur, Hauptverwaltung Verlagswesen. Karten: MdI der DDR Nr. 5239/K 11. Printed in Germany